The Basic of Coffee

커피의 기본

박보근 · 김선화 · 김정진 · 마시연 · 서천우 · 심예지 · 한승재 공저

(주)백산출판사

PROLOGUE

바리스타에 관심 있는 이들에게 이론에도 도움이 되고 실무에도 도움이 되는 책을 만들려는 시도를 하였다. 커피와의 인연으로 긴 세월 현장에서 살아오신 7분이 각 파트를 나누어 집필하였다.

특히, 세계 커피의 문화에는 한국의 커피문화도 넣어 관심을 갖는 한국의 학습자에게 커피의 자부심을 느끼게 하였다. 표지의 그림은 커피를 소재로 한 디자인으로, 바리스타가 기술적인 면뿐만 아니라 예술적인 면을 가지고 현장에 임하기를 바라는 마음으로 선택하였다.

본서는 1. 커피, 2. 에스프레소, 3. 핸드 드립, 4. 카푸치노, 5. 라떼아트, 6. 커피 로스팅, 7. 세계 커피문화, 8. 커피 메뉴, 9. 커핑, 10. 바리스타 2급 자격시험 안내로 구성하였다.

본서가 바리스타를 꿈꾸는 이에게 하나의 나침반이 되어 훌륭한 바리스타가 되는 데 일조한다면 그것만으로 만족한다.

저자 씀

CONTENTS

커피
COFFEE

① 커피

1. 커피 시작

한국의 건국 신화에는 단군신화가 있다. 즉 육식동물인 호랑이와 곰이 인간이 되고 싶다는 소원을 말한다. 그러자 100일간 동굴에서 마늘과 쑥을 먹으면 인간이 된다고 하였다. 그러나 호랑이는 견디지 못하고 뛰쳐나가고 곰은 임무를 달성하여 인간이 되었다는 이야기이다.

커피에도 전설 같은 이야기가 몇 개 전해지고 있다. 가장 많이 알려진 내용이 칼디 전설이다. 내용은 옛날 아프리카의 에티오피아라는 곳에 양치기 소년 칼디가 살고 있었다. 어느 날 염소들이 흥분한 모습을 보고 염소의 행동을 관찰하게 되었다. 염소들이 빨간 열매를 먹고 흥분하는 것을 알게 되어 칼디도 빨간 열매를 따 먹어보았다. 신기하게 상쾌해짐을 느끼게 되어 가까운 수도원의 수도사에게 이야기했다. 수도사가 빨간 열매가 잠을 쫓는 효과가 있는 것을 알게 되어 종교의식 때 사용하게 되었다. 염소치기 소년의 전설은 파우스트 나이로니가 쓴 『커피론』(1671)의 맨 처음에 나오는데, 장소는 오리엔트 어딘가, 시대는 불명, 그리고 칼디는 아랍계의 이름이라고 한다.

또 다른 이야기 중에 유명한 것은 이슬람 수도자 쉐이크 오말 이야기이다. 오말이 잘못을 하여 아라비아의 산으로 추방당해 산속을 이리저리 헤매다가 우연히 빨간

열매를 따 먹었다. 그 결과 피로가 회복되고 몸에 활력이 되살아나는 효과를 알게되었다. 그리하여 그 열매를 이용하여 모카 마을의 많은 환자를 구제하였고 덕분에성자로 추앙을 받았다. 그 열매가 커피열매라고 한다. 오말의 이야기는 오스만 제국의 카팁 체레비가 쓴『세계의 거울』에 등장한다.

2. 커피 종류

1) 커피나무

커피나무는 열대성 상록수로 다년생 쌍떡잎식물이다. 커피나무의 기원은 중신대(약 2300만 년 전에서 530만 년 전까지)까지 거슬러 올라가고, 약 1440만 년 전 카메룬 부근(중앙아프리카)에서 근종 식물과의 공통조상으로 원시적인 커피나무 동종(커피나무속)이생겨나 아프리카 대륙 일대 열대림으로 확산된 것으로 추정하고 있다.

2) 커피품종

아라비카(코페아 아라비카)품종은 열대, 아열대의 고지대에서 주로 재배되어 재배조건이 까다롭고 질병에 취약하지만 향과 맛이 뛰어나 세계 커피 생산량의 약 60%를차지하고 있다. 티피카, 버번 등이 여기에 속하며, 자가수분을 한다.

로부스타 품종은 카네포라(코페아 카네포라)종을 대변한다. 아프리카 콩고 지역에서처음 발견되었다. 해발고도가 낮은(1,000m 이하) 고온 다습한 지대에서 많이 자란다.아라비카에 비해 병충해에 대한 내성이 강해 과거 커피 재배에 부적합했던 지역에서도 잘 자란다. 주요 생산지로는 브라질, 베트남 등이 있다.

리베리카종은 서부 아프리카를 원산지로 한다. 커피향미가 두 종에 비하여 떨어지고 생두 가공을 하는데 실효성이 떨어진다. 수확도 어렵고 생산성도 떨어져 경작하는 경우는 거의 없고 자생한다.

3) 커피 재배

커피벨트는 적도를 중심으로 남북회귀선인 25° 사이의 영역을 벨트처럼 이어놓은 것을 말한다. 커피의 재배조건으로 강우량과 기후조건, 해발고도, 일조량, 토양 등을 들 수 있다. 물은 커피 씨앗이 싹을 틔우는 데 가장 중요한 요소이다. 연간 강수량이 2,000mm에서 2,500mm 정도는 필요하다. 기후조건은 아열대기후이다. 연평균 기온 15℃에서 25℃ 사이가 가장 적합하다. 가장 중요한 것은 서리가 내리거나 기온이 4℃ 이하로 내려가면 커피나무는 치명상을 입는다는 것이다. 해발고도는 1,000m를 중심으로 그 아래에서는 광합성의 1차적 산물인 구연산이 형성되어 커피열매의 신맛을 돋우고, 1,000m 이상의 고도에서는 낮과 밤의 큰 일교차로 인하여 구연산이 2차적 대사산물인 사과산을 형성하여 좋은 커피의 필수요소인 복합적이고 오묘한 산미를 더해준다고 한다. 로부스타는 400m 이상의 저지대, 아라비카는 최소 1,000m 이상의 해발고도가 필요하다. 일조량은 커피열매의 당도가 높고 커피씨앗이 단단하게 여물기 위해서는 필요하다. 강한 직사광선이나 열에는 약해 쉐이드 트리라고 하는 큰 나무 밑에 커피나무가 자라는 것이 좋다. 토양은 화산토 성분이 가장 좋다. 토양 안에 미네랄, 인, 철분, 칼륨 등을 함유한 약산성 토양이 가장 좋다.

커피 재배는 묘목에서 시작된다고 할 수 있다. 묘목에서, 경작지로 옮겨 심는다. 경작지에 옮겨진 커피나무는 3년 정도가 지나면 커피열매를 맺기 시작한다. 팔 수 있는 커피콩을 얻기 위해서는 5년이라는 세월이 걸린다. 그리고 커피 농장을 만드는 데는 10년이라는 세월이 필요하다.

4) 커피 수확과 가공

커피 수확에는 핸드피킹, 스트리핑, 기계수확 등이 있다.

핸드피킹은 사람의 손으로 직접 수확을 하며 잘 익은 열매만 따고 미성숙 열매는 익을 때까지 기다리므로 비용과 시간이 걸린다. 중남미에서는 많은 부족의 사람들이 동원되고 있다.

스트리핑은 커피나무의 줄을 따라 나무 아래에 천을 깔아 손으로 훑어서 한번에 체리를 수확하는 방법이다. 경제적이고 효율적이나 커피나무에 손상을 주고 품질이 균일하지 않다는 점이 있다.

기계수확은 노동력이 부족해서 기계로 한꺼번에 수확하는 방법으로 효율적이지만 커피의 품질이 낮아지는 경향이 있다. 대표적으로 브라질을 들 수 있다.

커피 가공에는 크게 두 가지 방법이 있다. 하나는 건식법이고 다른 하나는 습식법이다.

건식법(내추럴)은 커피열매를 말린 뒤 기계로 껍질을 벗겨내는 방법이다. 비교는 비록 다르지만 우리 시골에서 흔히 햇볕에 고추를 말리는 것과 말리는 방식은 비슷하다. 건조과정에서 발효되지 않도록 주의하고 수분이 11~13%를 유지하는 것이 중요하다. 물이 부족한 국가에서 이 방법을 많이 쓴다.

습식법(워시드)은 커피열매를 물속에서 발효시켜 껍질과 과육을 벗겨내고 파치먼트 상태에서 건조하는 방법이다. 여러 과정을 통하여 불량이나 이물질을 제거하기

때문에 비용은 들지만 좋은 품질의 커피를 얻을 수 있다.

반습식(세미 워시드), 반건식(펄프드 내추럴), 무산소 등의 여러 가지 가공방법이 나타나고 있다.

3. 커피와 경제

많은 나라 사람들이 커피와 관련된 경제활동을 하고 있다. 약 1억 2,500만 명의 사람들이 커피 재배와 수출로 생계를 이어가고 있다. 한국에서는 10만 개 이상의 카페(부산은 5천 개 이상, 영도구는 250개 이상)가 운영되고 있다고 한다. 커피를 수입 후 가공하여 수출하면 석유와 같이 전형적인 고부가가치 상품이 된다. 그런데 가공무역의 국가경제를 가진 한국에서 그것도 가공무역을 촉진하기 위하여 지정된 자유무역지역에서 커피를 가공해서 수출할 수 없는 상품이라고 하면 시정이 필요하다고 할 수 있다.

에스프레소

Espresso

② 에스프레소

1. 에스프레소의 이해

1) 에스프레소의 탄생과 발전

에스프레소는 천이나 금속을 이용한 드립 방식의 필터 커피를 음용하던 방식에서 좀 더 빨리 커피를 추출하기 위해 증기압을 이용하는 방식을 통해 개발되었다. 1855년 파리 만국 박람회에서 산타이스(Edourard Loysel de Santais)가 증기압을 이용한 커피 기계를 처음 선보였으나 복잡한 조작법으로 대중화되지는 못했다. 이후 1901년 이탈리아의 베체라(Luigi Bezzera)가 증기압 에스프레소머신의 특허를 출원했는데 이 머신은 수직형의 원통 안에 담긴 물을 가열하여 발생하는 1.5기압의 증기를 이용하여 보일러 내의 뜨거운 물을 밀어내 커피를 추출하는 방식이었다. 한 개부터 여러 개의 그룹까지 사용할 수 있었으며 그룹을 통해 커피가 바로 컵에 추출되는 방식으로 오늘날의 에스프레소머신과 동일하다. 하여 베체라의 발명은 현재까지 에스프레소머신의 기초를 확립한 것으로 보고 있다.

파보니(Desiderio Pavoni)가 1903년 베체라의 특허를 획득하여 1905년부터 에스프레소머신을 생산하는 과정에서 100℃ 이상 가열되는 물 때문에 커피에서 쓴맛과 탄맛이 나는 단점을 보완하는 방식을 연구하게 되었다. 1938년 크레모네시(M. Cremonesi)

에 의해 피스톤 펌프의 압력을 이용해 물은 끓이지 않고 압력만 가하는 방식이 고안되면서 커피의 쓴맛과 탄맛을 추출하지 않을 수 있는 방법을 알게 되었다.

오늘날의 에스프레소머신에서도 사용하고 있는 피스톤을 이용해 9기압 이상의 강력한 압력을 생성하여 '크레마(Crema)'라고 하는 커피거품을 추출할 수 있게 된 데는 1946년 가찌아(Achille Gaggia)의 역할이 컸다. 상업적인 피스톤 방식의 머신을 생산하며 천연커피크림이라고 광고하며 크레마가 널리 알려졌다.

2) 에스프레소머신

에스프레소머신은 특성에 따라 수동식 머신, 반자동식 머신, 완전자동식 머신의 3가지로 나뉜다.

(1) 에스프레소머신의 종류

- 수동식 머신 : 바리스타가 수동으로 피스톤을 작동하여 추출하는 방식
- 반자동식 머신 : 바리스타가 별도의 그라인더로 원두를 분쇄하고 탬핑한 후 머신에 장착하여 추출하는 방식
- 완전자동식 머신 : 머신 내에 그라인더가 내장되어 있어 별도의 그라인딩과 탬핑 작업을 하지 않고 추출 버튼을 눌러서 작동하는 방식

수동식 머신	반자동식 머신	완전자동식 머신
• 그라인더 분리형 • 레버형	• 그라인더 분리형 • 버튼식	• 그라인더 일체형 • 버튼식

(2) 에스프레소머신의 구조

스팀밸브
추출버튼
압력게이지
그룹헤드
포터필터
드레인(트레이)
스팀노즐

- 보일러 : 에스프레소머신에서 가장 중요한 부품 중 하나로 열선이 내장되어 물을 가열한다. 가열된 물은 온수와 스팀을 공급해 커피를 추출하고 우유를 데우는 역할을 한다. 보일러 내부의 70%가 물로 채워지며 나머지 30%는 스팀이 채워진다. 보일러 용량에 따라 보관되는 물의 양이 다르며 스팀의 압력은 보통 0.8~1.2bar를 유지한다. 보일러의 개수에 따라 싱글보일러, 듀얼보일러, 독립보일러로 나뉘는데 이에 따라 머신의 기능과 금액에도 차이가 생긴다.

- 펌프모터 : 일반 수돗물의 압력은 1~2bar로 에스프레소 추출을 하기에는 낮은 압력이므로 펌프모터를 이용해 7~9bar까지 상승시켜 준다. 머신 몸체에 있는 압력게이지로 추출 시 압력을 확인할 수 있으며 압력을 조절하고 싶을 경우 펌프모터에 있는 압력조절나사 부분을 돌리면 된다. 시계방향으로 돌리면 압력이 상승, 반시계방향으로 돌리면 압력이 하강하게 된다.

- 그룹헤드 : 포터필터를 장착하는 부분으로 최종적으로 물이 분사되는 곳이기 때문에 온도 유지를 위해 두께가 두꺼우며 예열시스템을 갖추고 있다. 에스프레소 추출 시 압력을 제대로 전달해 주기 위해 개스킷(Gasket)이라는 부품을 일정 주기마다 교체해 줘야 한다. 물을 고르게 분사해 주는 부품인 샤워홀더(Shower holder)와 샤워스크린(Shower screen)은 전용 약품으로 매일 청소해 주어야 하며 주

기적으로 분리해서 약품 세척해서 청결을 유지해야 한다.

- 포터필터 : 분쇄된 원두를 담고 그룹헤드에 장착시키는 도구로 항상 그룹헤드에 장착해서 예열된 상태를 유지해 주어야 한다. 포터필터 또한 매일 전용 약품으로 세척해 주어야 한다.
- 솔레노이드밸브와 플로우미터 : 에스프레소머신에서 물에 관련된 부품으로 솔레노이드밸브는 머신에서 물의 흐름을 통제한다. 보일러에 유입되는 찬물과 보일러에서 데워진 뜨거운 물의 추출을 조절한다. 플로우미터는 커피 추출 시 사용되는 유량을 감지해 주는 부품이다.

3) 에스프레소 그라인더

에스프레소용 분쇄커피는 강한 압력을 견뎌야 하기 때문에 매우 미세한 입자로 분쇄가 가능해야 한다. 분쇄된 원두 입자의 크기와 품질은 커피 맛에 직결되므로 성능이 안정적인 그라인더를 사용하는 것이 중요하다.

(1) 그라인더의 구조

- 호퍼 : 호퍼는 원두를 담아 보관하는 부분으로 담겨 있는 원두의 양이 너무 적으면 원두가 분쇄될 때 튀어 올라와 제대로 분쇄되지 않기 때문에 호퍼의 2/3 정도를 유지하며 사용하는 것이 좋다.
- 분쇄도 조절판 : 분쇄도 조절나사를 돌려서 분쇄입자를 조절할 수 있고 분쇄도를 숫자로 표시해서 쉽게 볼 수 있게 되어 있다. 숫자가 작을수록 분쇄입자가 가늘어지고 숫자가 커질수록 분쇄입자가 굵게 조절된다.

호퍼
분쇄도조절레버
토출구
포터필터받침대
트레이

- 도저와 토출구 : 도저는 분쇄된 커피를 보관하고 있다가 도저레버를 당기면 일정량의 분쇄커피를 공급하는 부분으로 모든 그라인더에 있는 것은 아니다. 자동 그라인더를 사용하는 추세인 요즘은 도저 없이 분쇄된 원두가 바로 토출구로 나오는 구조를 더 흔하게 볼 수 있다.
- 포터필터 받침대 : 분쇄된 원두를 받기 위해 포터필터를 거치하는 받침대이다. 자동그라인더의 경우 포터필터를 받침대에 올리고 센서나 버튼을 누르면 분쇄된 커피가 토출된다.

(2) 그라인더 날의 종류와 특징

그라인더 날은 에스프레소 그라인더에서 매우 중요한 부품으로 날의 종류는 다양하나 대부분 원뿔형 날(Conical Burr)이나 평면형 날(Flat Burr)을 사용한다.

원뿔형 날(코니컬버)	평면형 날(플랫버)
위에서 원두 투입	위에서 원두 투입
아래로 분쇄 원두 배출	옆으로 분쇄 원두 배출

	원뿔형(코니컬 Conical) 날	평면형(플랫 Flat) 날
구조	모양과 크기가 다른 두 개의 입체형 칼날로 구성되어 있다. 하나는 중심에서 회전하는 원추형이고, 다른 하나는 이를 감싼 형태로 고정되어 있다.	동일한 크기의 평면형 칼날이 맷돌처럼 평행으로 놓여 있다.
원리	바깥쪽 날이 고정돼 있는 상태에서 안쪽 날이 회전하고, 원두는 그 사이를 통과하며 분쇄된다. 안쪽 날과 바깥쪽 날 사이의 간격이 입자 크기를 결정한다.	분쇄조절나사와 연결되어 있는 상부 날이 고정된 상태에서 하부 날이 회전하고, 원두는 그 사이를 통과하며 분쇄된다. 그라인더마다 고정날은 다를 수 있다.
회전수	플랫 버에 비해 분당 회전수가 적다. 회전 속도가 빠르면 분쇄원두가 아래로 빠져나가지 못하고 위로 역류하기 때문이다.	코니컬 버에 비해 분당 회전수가 많다. 회전속도가 빨라야 분쇄된 원두가 옆으로 수월하게 빠져나가기 때문이다.
장점	버의 분당 회전수가 적어 열이 덜 발생하며 덕분에 원두의 향미가 잘 보존된다.	보통 버는 원두를 자르는 절삭면과 원두를 부수는 파쇄면으로 되어 있는데, 플랫은 절삭면이 코니컬에 비해 넓어 분쇄원두의 입자 크기가 작고 고르다.
단점	코니컬은 파쇄 면이 플랫에 비해 넓어 입자 크기가 크고 고르지 못하다. 때문에 추출 편차가 생길 수 있다.	버의 분당 회전수가 많기 때문에 열 발생도 크다. 또한 원두가 서로 부딪히면서도 분쇄되기 때문에 미분 발생률이 높다.

2. 에스프레소 추출과 밀크 스티밍

1) 에스프레소의 특징

에스프레소(Espresso)란 주문과 동시에 추출하는 진한 커피원액을 말한다. 이탈리아어로 빠르다(Express)는 의미이며 약 9기압의 압력으로 단시간에 추출하여 '크레마'라는 성분이 함께 나온다. 크레마는 영어로 크림(Cream)과 같은 의미로 커피의 지방성분과 향기성분이 녹아 있어 부드러운

촉감과 다양한 향을 느낄 수 있게 도와준다.

2) 에스프레소 추출법

- 포터필터 바스켓 건조
그룹헤드에 장착되어 있는 포터필터를 분리해서 원두가루가 담기는 바스켓에 물기와 이물질이 없게 린넨으로 깨끗하게 닦아준다.

- 그라인딩과 도징(분쇄와 커피받기)
그라인더의 포터필터 받침대에 포터필터를 놓고 버튼을 눌러 분쇄된 커피를 바스켓에 받는다. 이때 한쪽으로 분쇄된 원두가 치우치지 않도록 바스켓에 골고루 담아준다.

- 도징량 체크
세팅된 양만큼 분쇄원두가 나왔는지 저울로 도징량을 확인한다.
양이 다르다면 정확하게 맞춰서 추출이 동일하도록 해준다.

- 탬핑
포터필터 바스켓 내에 밀도를 높여주는 작업으로 탬퍼로 수평을 잘 맞춰 분쇄커피를 눌러준다. 바리스타의 손목이 상하지 않도록 올바른 자세로 탬핑하도록 한다.

- 플러싱(물 흘리기)
샤워스크린에 있는 불순물을 제거하기 위해 짧게 물을 흘려준다. 포터필터 장착 전이 아니라 그라인딩 전 포터필터를 분리하고 나서 플러싱을 해줘도 된다.

- 포터필터 장착

  8시 방향에서 삽입한 후 오른쪽으로 당겨서 장착해 준다. 포터필터가 그룹헤드에 부드럽게 장착될 수 있도록 한다.

- 추출하기

  추출버튼을 누르고 샷글라스를 트레이에 내려놓는다. 에스프레소 추출이 완료되면 포터필터 바스켓 내의 커피 찌꺼기를 넉박스에 털어 제거하고 깨끗하게 닦아서 다시 장착해 둔다.

3) 에스프레소 추출 결과

에스프레소는 20~30초 사이에 나오는 20~30ml의 커피 원액이다. 황금색의 크레마가 2~3ml 정도 추출되며 풍부한 향미를 느낄 수 있다. 정상적으로 추출된 에스프레소는 이 조건을 만족한 경우를 말한다. 에스프레소 추출 결과를 구분하는 기준은 '커피성분의 양'이다.

(1) 정상추출

25초 내외로 플레이버(Flavor)가 풍부한 25ml 내외의 커피가 추출된다. 황금색의 크레마가 추출되며 유지되는 시간도 길다.

(2) 과소추출

여러 가지 원인으로 커피성분이 적게 추출되어, 전체적으로 맛과 향이 약한 커피가 추출된다. 크레마의 색상이 연하고 빠르게 사라진다.

-  과소추출의 원인

- 굵은 분쇄입자 : 분쇄도가 굵으면 물이 통과하는 시간이 빨라져서 커피성분이 녹아 나올 시간이 부족해진다.
- 약한 탬핑 강도 : 탬핑을 약하게 하면 바스켓 내 밀도가 낮아져서 물이 통과하는 시간이 빨라진다.
- 적은 양의 커피 : 분쇄된 커피의 양이 적으면 밀도가 낮아져 물이 통과하는 시간이 빨라진다.
- 낮은 추출온도 : 추출되는 온도가 낮으면 커피성분이 잘 녹지 못하기 때문에 과소추출이 일어난다.
- 높은 추출압력 : 추출압력이 높으면 물이 커피를 더 빨리 뚫고 내려가기 때문에 추출시간이 빨라지고 커피성분이 녹아 나올 시간이 부족해진다.

(3) 과다추출

여러 가지 원인으로 커피성분이 너무 많이 추출되어 쓰거나 텁텁한 좋지 않은 맛이 난다. 크레마의 색상이 어둡고 커피의 색상도 진하다.

- 과다추출의 원인

- 가는 분쇄입자 : 분쇄입자가 가늘면 물이 통과하는 시간이 느려져 커피성분이 과하게 녹아 나온다.
- 강한 탬핑 강도 : 탬핑이 너무 강하면 바스켓 내의 밀도가 높아져 물이 통과하는 시간이 오래 걸린다.
- 많은 양의 커피 : 분쇄된 커피의 양이 많으면 밀도가 높아져 물이 통과하는 시간이 느려진다.
- 높은 추출온도 : 추출되는 온도가 높으면 커피성분이 너무 많이 녹아 나와서 과다추출이 된다.
- 낮은 추출압력 : 추출압력이 낮으면 물이 통과하는 시간이 느려져 커피성분이 많이 녹아 나오게 된다.

핸드 드립
Hand Drip

③ 핸드 드립

1. 핸드 드립의 이해

1) 드립커피의 유래

드립커피는 1908년 독일 가정주부였던 멜리타 벤츠(Melitta Bentz, 1873~1950) 여사에 의해 발명되었다.

핸드 드립커피가 있기 전 가장 오래된 추출방법인 터키식 커피는 작은 냄비(Ibrik)에 커피가루와 물을 넣고 불에서 끓이는 원초적인 추출법이었다. 이렇게 완성된 커피는 찌꺼기가 제대로 걸러지지 않아 같이 먹어야 한다는 불편함이 있었다.

이 문제를 해결하고자 멜리타 여사는 부엌에서 실험한 결과 못으로 그릇 밑바닥에 구멍을 뚫고 아들이 쓰던 공책을 찢어 그릇 위에 올려놓고 우린 커피액을 부어 걸러내는 방식을 고안해 냈다.

이것이 드립커피의 시초가 되었고 거듭된 실험과 개량을 통해 그녀의 이름을 딴 멜리타 드리퍼가 발명되었다. 이후 일본으로 전파된 드립커피는 일본 특유의 장인문화의 영향으로 현재 카페에서 많이 사용하는 칼리타, 하리오 등의 커피 도구 브랜드를 개발하게 되었다.

대부분의 사람들은 일본 회사인 하리오나 칼리타가 핸드 드립에 가장 큰 영향

력을 가지고 있기 때문에 드립커피가 일본에서 처음 개발되었다고 인식하고 있다. 하지만 드립커피의 창시자이자 드리퍼의 첫 개발자는 독일의 멜리타 벤츠 여사이다.

2) 드립커피 추출이란?

볶은 원두를 분쇄하여 커피가루에 사람의 손으로 물의 양을 조절하면서 부어 걸러 내리는 방식이다. 드립커피는 원두의 특성을 잘 살려 각자 취향에 맞는 맛과 향을 추출할 수 있는 장점이 있다.

3) 핸드 드립커피의 기본요소

(1) 원두의 특성 파악

산지별, 품종, 가공방법, 로스팅 배전도를 파악하고 드립 레시피를 설계한다.

(2) 정확한 물과 커피의 비율

커피를 추출할 때 사용하는 커피가루의 양과 물의 비율은 일반적으로 1:10~1:17 사이로 정한다. 가장 선호하는 추출비율은 1:15이며 적절한 추출수율은 18~22%이다.

(3) 추출시간에 알맞은 분쇄도

분쇄입자의 크기는 추출하는 데 걸리는 시간과 아주 밀접한 관계가 있다. 입자가 가늘수록 물과 맞닿는 면적이 커지므로 추출시간은 짧게 해야 한다.

반대로 입자가 굵어지면 물과 접촉하는 면적이 작아져 추출시간을 길게 해야 성분을 제대로 뽑아낼 수 있다.

(4) 필터와 드리퍼의 선택

필터는 커피가루를 거르는 역할을 하고 드리퍼 종류에 따라 커피 맛이 달라지기 때문에 드리퍼의 특징을 정확히 파악해야 한다. 그리고 추출하려는 원두의 성격에

알맞은 도구를 선택하는 것도 중요하다.

(5) 물의 온도

드립에 사용하는 물 온도는 대개 88~96℃ 정도이며 원두의 특성과 로스팅 배전도에 따라 달라진다.

(6) 좋은 품질의 물

커피는 거의 98~99%가 물로 이루어져 있으므로 추출에 중요한 역할을 한다. 추출에 적합한 물은 냄새와 색이 없어야 하고 물의 경도가 50~100ppm 정도의 중경수이면 좋다. 우리가 식수로 마시는 수돗물은 경도 300ppm 이하로 규정되어 있다.

경도가 높은 경수로 추출한 커피 맛은 쓴맛과 부정적인 맛을 느낄 수 있으며 연수인 경우 부드러운 맛은 있지만, 자칫 잘못하면 밍밍하거나 찌르는 듯한 부정적인 신맛을 추출할 수 있다. 그러므로 원두 특성에 따른 적절한 정수 필터 사용은 커피 맛에 큰 영향을 끼친다.

2. 커피 추출의 종류

종류		내용	추출도구
침지법	달임법	끓는 물에 분쇄한 커피를 넣고 같이 끓여 커피를 추출하는 방법	이브릭(Ibrik) 터키식
	우려내기	분쇄한 커피에 뜨거운 물을 붓고 저어 커피를 우려내어 추출하는 방법	프렌치프레스 클레버
여과법(투과식)		여과용 필터에 분쇄한 커피를 넣은 후 물을 부어 커피를 추출하는 방법	멜리타, 칼리타, 고노, 하리오, 케멕스
가압추출법		분쇄한 커피에 압력을 가하여 뜨거운 온도의 물을 통과시켜 커피를 용해하여 추출하는 방법	에스프레소 모카포트
진공추출법		수증기압을 이용하여 커피를 추출하는 방법	사이폰

1) 핸드 드립의 추출방법

① **정드립**(전통적인 드립): 일본 핸드 드립 문화에서 시작된 방식으로 일정한 물줄기와 물의 접촉 면적(분쇄도)에 따라 물을 천천히 여러 번 나누어 부어준다. 투과식 방법으로 섬세한 핸들링이 필요하며 커피성분이 많이 추출되어 진하고 묵직한 맛이 난다.

② **푸어 오버**(막 부어주기): 침지식을 이용하여 편하게 물을 붓는 방식이다. 물과 커피양의 비율로써 맛의 일관성을 유지하며 물과 커피의 접촉시간이 정드립보다는 짧아서 연하고 가벼운 맛이 난다. 실용성이 좋아 유럽이나 미국에서 선호하는 방식이다.

2) 핸드 드립의 3가지 포인트 이해

① **원두의 특징이해** : 생두의 산지와 품종, 로스팅 배전도
② **추출도구의 이해** : 원두에 알맞은 도구(드리퍼) 선택
③ **커피 취향 파악** : 어떤 맛과 향의 커피를 선호하는지 자신의 커피 취향 파악하기

3. 다양한 커피 추출도구

1) 멜리타(Melitta Dripper)

독일의 멜리타 벤츠 여사가 개발한 최초의 드리퍼이다.

사다리꼴 모양으로 추출구가 1개이다. 추출구가 하나이기 때문에 추출속도가 느리고 추출시간도 오래 걸린다. 침지식 커피의 특징인 진하고 묵직한 향기와 맛이 느껴진다.

2) 칼리타(Kalita Dripper)

1959년 일본의 칼리타 커피회사에서 개발된 드리퍼이다.

리브(Rib)가 길고 추출구가 3개로 추출 속도는 다소 느린 편이라 섬세한 핸들링이 필요하다.

묵직함과 부드러운 바디감을 조화롭게 느낄 수 있으며 물줄기 굵기 조절로 맛의 일관성을 유지한다. 과소 과다추출의 위험이 적고 균일한 추출이 가능해서 커피 입문자가 사용하기에 적절한 드리퍼이다.

3) 하리오(Hario Dripper)

하리오는 유리의 왕이라는 뜻이며 일본 유리 제조회사에서 1980년에 개발한 드리퍼이다.

리브(Rib)는 나선형으로 길고 추출구는 하나로 칼리타에 비해 크다.

푸어 오버 방식으로 추출방법이 쉽고 추출속도에 따라 깔끔한 맛과 향의 커피 추출이 가능하다. 원두양과 투입물양의 비율로 커피 맛의 일관성을 유지할 수 있다.

4) 케멕스(Chemex Dripper)

1941년 독일 화학자가 개발하였고 디자인이 아름다워 뉴욕 현대 미술관에 전시 중인 드리퍼이다. 드리퍼와 서버가 일체형으로 보관이 간편하고 은은한 향과 부드러운 맛의 커피 추출이 특징이다.

5) 클레버(Clever Dripper)

프렌치프레스와 핸드 드립의 장점만을 모아 만든 것으로 대만에서 처음 발명한 영리한 도구이다.

침지법과 여과법의 혼합형으로 추출방법이 쉽고 깔끔한 맛의 커피 추출이 장점이다.

6) 더치 커피(Dutch Coffee) 기구

한국과 일본에서는 더치 커피로 알려졌으며 찬물로 내린다고 하여 미국 등에서는 콜드 브루(Cold brew)라고도 한다. 더치 커피는 찬물로 10시간 이상 충분히 우려내므로 뜨거운 물에 내린 커피보다 커피의 향이 더 진하고 깊다.

4. 분쇄 종류에 따른 추출기구 및 추출시간

분쇄 종류	아주 가는 분쇄	중간 분쇄	굵은 분쇄
적용	에스프레소	드립식 추출	프렌치 프레스
추출시간	25~30초	2~3분	4분
굵기	0.3mm 이하	0.5~1.0mm	1.0mm 이상

5. 커피의 향미

맛	상세분류	특징
Sour	신단맛	상큼한 느낌의 좋은 신맛(오렌지, 자몽)
	자극적인 신맛	강하고 자극적인 신맛(레몬, 식초)
Sweet	단맛	긍정적인 맛(꿀, 시럽)
	구수한 맛	단맛과 어우러져 풍성한 느낌을 주는 맛(아몬드, 군고구마)
Bitter	잡맛	가장 쉽게 추출되는 부정적인 맛(텁텁함, 떫은맛)
	쓴맛	강배전에 나타나는 강렬한 자극적인 쓴맛(탄맛)

6. 커피 추출과정에 따른 맛의 변화

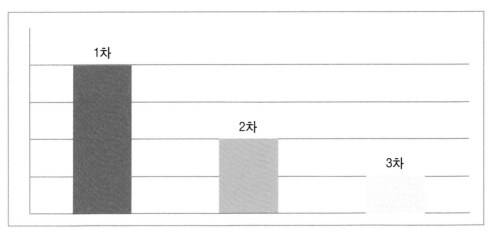

- 1차 추출 - 높은 고형성분(최적의 향미와 적은 쓴맛)
- 2차 추출 - 평균 가용성 물질(적은 신맛과 단맛)
- 3차 추출 - 적은 가용성 물질과 낮은 성분(대부분 쓴맛과 떫은맛)

7. 핸드 드립 추출방법

1) 사용할 재료와 도구 준비

2) 드립 시연

(1) 드립용 종이 필터 한 면의 모서리를 눌러 접는다.

1) 필터를 접는다.

(2) 서버에 필터를 올리고 데워진 물을 부어 린싱(Rinsing)한다.

2) 접은 필터를 드리퍼에 올린 후 뜨거운 물로 린싱한다.

(3) 분쇄 커피가루 20g을 종이필터 가운데 부분에 담는다.

3) 1잔 분량의 분쇄된 원두를 담는다.

(4) 드리퍼를 잡고 좌우로 흔들어 커피가루를 편평하게 편다.

4) 좌우로 흔들어 표면을 편평하게 만든다.

(5) 88~95℃의 뜨거운 물을 커피 위에 40ml 부어 30초 뜸을 들인다.

　　(커피양과 물의 비율은 1:2)

5) 88~95℃ 뜨거운 물로 30초간 뜸들인다.(물의 양=원두 양의 2배)

(6)~(9) 뜨거운 물을 안쪽에서 밖으로, 밖에서 안쪽으로 원을 그리듯이 3회로 나누어 부어준다.

6) 1차 추출 100mL 물을 부어준다. (원을 그리듯이)

7) 1분 15초쯤, 2차 추출 80mL 물을 부어준다.

8) 1분 50초쯤, 3차 추출 80mL 물을 부어준다.

9) 2분 30초~3분 이내로 추출 완료한다.

(10) 추출이 끝나면 입맛에 맞게 커피 농도를 조절할 수 있다.

3) 일반적인 핸드 드립 추출방법

(1) 필터를 순서대로 접고 접은 필터를 드리퍼에 맞춰 끼운다.

(2) 드리퍼를 서버에 올려놓고 데워진 물로 필터의 냄새를 제거하고 드리퍼와 서버를 데워준다.

(3) 1잔 분량의 분쇄된 원두를 담는다.

(4) 분쇄된 커피에 가운데부터 원을 그리듯이 둥글게 물을 부어 뜸을 들인다. 뜸을 들이는 이유는 커피에 있는 탄산가스나 공기를 제거하고 커피가루가 물을 흡수하면 커피성분을 충분히 추출할 수 있기 때문이다.

(5) 1차 추출은 가운데부터 원을 그리듯 물을 둥글게 부어준다.

(6) 물이 커피를 통과하면서 추출이 일어난다.

(7) 물이 빠져 가라앉기 전에 다시 물을 2차, 마지막 3차 시까지 부어준다.

(8) 추출하고자 하는 양이 추출되면 드리퍼를 제거하고 잔에 담아 마신다.

  ※ 커피 추출시간이 너무 길어지면 고유의 맛과 향이 손실되며 부정적인 쓴맛이 추출되므로 추출시간을 지킨다.

카푸치노
Cappuccino

④ | 카푸치노

카푸치노(이탈리아어, cappuccino)는 에스프레소 기반의 커피 음료로, 전통적으로 스팀 밀크와 함께 제조된다. 또한 카푸치노는 오스트리아에서 유래되었으며 이후 이탈리아에서 개발했다.

카푸치노에 우유 대신 크림을 사용하거나 위에 계핏가루를 뿌려 먹기도 한다.

초창기의 카푸치노는 오스트리아에서 퍼콜레이터로 내린 커피에 우유 거품을 올리는 것에서 유래했다. 현재 전 세계에서 주로 마시는 에스프레소 베이스의 카푸치노가 이탈리아 스타일이다.

에스프레소에 우유를 붓는 과정까지는 다른 메뉴와 비슷하지만, 그 위에 우유 거품이 두껍게 형성되는 것이 카푸치노의 차별점이다. 카페라떼와 비교하면 에스프레소와 섞이는 우유의 양이 상대적으로 적은 만큼 커피 본연의 맛을 더 진하게 느낄 수 있고, 부드러운 우유 거품의 촉감도 느낄 수 있다.

1. 카푸치노의 유래

명칭은 가톨릭 남자 수도회인 카푸친 작은 형제회의 수도자들이 입던 수도복에서 유래되었다고 전해진다. 이들은 청빈의 상징으로 모자가 달린 원피스 모양의 수도복을 입는데, 카푸친회 남성 수도사들이 머리를 감추기 위해 쓴 후드 카푸치오(이탈리

아어, cappuccio)의 모양이 진한 갈색의 커피 위에 우유 거품을 얹은 모습과 닮았다고 하여 카푸치노라는 이름이 붙여졌다는 설이 있고, 카푸친회 수사들이 입는 수도복의 색깔과 비슷하다고 해서 붙여졌다는 설도 있다. 일반적으로 수도복에 달린 후드의 모양에서 유래했다는 설이 인정받고 있다.

2. 카푸치노의 역사

카푸치노는 18세기 비엔나의 커피하우스에서 처음 등장했다. 카푸치너(독일어 : Kapuziner)라 불렸고, 커피와 생크림, 설탕으로 이루어진 대중적인 음료였다. 이탈리아식 카푸치노는 에스프레소 기계가 발명된 후인 20세기 초반에 등장했다.

3. 카푸치노의 정의

이탈리아 국립 에스프레소 연구소에서는 공인된 정통 카푸치노로 다음과 같은 레시피를 제시하고 있다.

• **음료의 구성** : 이탈리아식 에스프레소 1샷(그라운드빈 7g으로 25ml 추출), 우유 100ml로 우유는 3.2%의 최소 단백질 함량과 3.5%의 최소 지방을 가져야 한다.
  100ml의 냉장우유(3~5℃)를 약 125ml의 부피 그리고 약 55℃의 온도에 도달할 때까지 스팀으로 가열한 다음, 150~160ml 용량의 컵에 담긴 공인된 이탈리아식 에스프레소 위에 붓는다.
  5온스 카푸치노잔 기준 1:2:3, 즉 25ml의 에스프레소+50ml의 우유층+75ml 폼으로 완성하면 잔 속에서 각각의 높이가 비슷해지고 잘 만든 카푸치노라고 한다.

카푸치노(좌)와 카페라떼(우)의 폼 비교

카푸치노는 세부적으로 2가지 형태로 나뉜다.

• 드라이(Dry) 카푸치노 : 커피 본연의 맛을 살리면서 우유 거품과 덜 섞이게 하는 방법. 우유 거품이 가운데로 모이고 크레마가 우유를 감싸는 골드 링이 형성된다.

• 웻(Wet) 카푸치노 : 우유 거품을 완전히 녹여내는 방법으로 커피 표면에 라떼아트를 더할 수 있다.

카푸치노

4. 카푸치노 만들기

사단법인 한국커피협회 바리스타(2급) 인증 공식 실기 평가 규정(Ver.2024-09-24)의 '2.2.2. 카푸치노' 부분을 살펴보면

A. 카푸치노는 1잔의 에스프레소와 스티밍한 우유로 만든 음료이며, 에스프레소와 우유가 조화를 이루어 만들어지는 음료이다.

B. 카푸치노는 에스프레소 1잔과 밀도 있는 벨벳 밀크로 이루어진 음료로 거품이 있는 상태로 제출되어야 하며, 거품의 두께는 1~1.5cm를 권장한다.

C. 표준적인 카푸치노는 5~6oz 음료(150~180ml)이다.

D. 카푸치노는 라떼아트나 전통적인 모양(하트, 원형)으로 제출되어야 한다.

E. 카푸치노는 손잡이가 달린 한국커피협회 공식 잔(약 190ml)에 제출되어야 한다.

F. 설탕, 향료, 가루 상태의 향신료 등의 추가는 허용되지 않는다.

G. 카푸치노는 잔 받침, 커피스푼과 함께 평가위원에게 제출되어야 한다.

라는 기준을 제시하고 있다.

스페셜티 커피협회인 SCA의 Barista Drinks Standard를 살펴보면 카푸치노는 1(에스프레소):3(우유):2(거품)의 비율로 구성되어 있다.

에스프레소의 추출량에 따라 전체 용량이 달라지는데, 에스프레소를 25~35ml로 계산하면 카푸치노는 150~210ml가 된다.

카푸치노를 만드는 전반적인 순서는 다음과 같다.

(※ 자세한 내용은 사단법인 한국커피협회 '10. 바리스타 2급 자격시험 안내'에서 다루도록 하겠다.)

1) 우유 준비

2) **도징** : 포터필터의 물기와 커피가루를 제거한 후 커피 파우더를 담는다.

3) **레벨링** : 커피 파우더의 빈 곳은 채워주고, 높은 곳은 낮춰줌으로써 높이를 같게 한다.

4) **탬핑** : 커피가 고른 밀도를 유지하도록 적절한 압력을 가한다.

5) 카푸치노 잔에 에스프레소 받기

6) 스티밍

7) 업다운(크레마 안정화)과 푸어링

8) 완성된 카푸치노

　카푸치노는 잔에 가득 채워져야 하고, 우유 거품의 양은 잔의 상부로부터 약 10mm 이상 15mm 이하의 두께여야 한다.

The Basics of Coffee

라떼아트
Latte Art

5 라떼아트

1. 라떼아트 이해하기

1) 라떼아트란?

라떼아트(Latte Art)는 라떼(Latte)와 아트(Art)의 합성어이다. 이탈리아어로 '라떼(Latte)'는 우유를 의미하고, '아트(Art)'는 예술을 뜻한다. 즉, 우유로 만드는 예술이라는 뜻으로, 에스프레소 위에 스티밍한 우유를 부어 다양한 예술적인 패턴을 만드는 기술을 말한다.

2) 라떼아트의 기법

라떼아트를 만드는 방법은 크게 두 가지로 나뉜다.
- 프리 푸어링(Free Pouring) : 스팀 우유를 에스프레소 위에 직접 부어 패턴을 만드는 방법
- 에칭(Etching) : 도구(바늘, 스틱 등)를 이용해 세밀한 그림을 그리는 방법

프리 푸어링(Free Pouring)	에칭(Etching)

3) 라떼아트의 형성 원리

라떼아트는 쉽게 말해 폼(Foam) 위에 폼(Foam)을 띄움으로써 형성된다.

일반적으로 라떼아트는 에스프레소에 스팀 우유를 부어 디자인하게 되는데, 에스프레소를 추출할 때 형성되는 얇은 갈색 거품층인 크레마가 라떼아트의 배경이 되는 폼(Foam)의 역할을 하고, 스팀 우유의 미세한 거품(마이크로폼)이 패턴이 되는 폼(Foam)의 역할을 한다.

따라서 라떼아트를 할 때 에스프레소 추출과 스티밍이 아주 중요한 요소라고 할 수 있다.

이외에도 파우더나 시럽 등 색이 있는 재료들을 활용하여 라떼아트를 디자인할 수도 있다. 이때 파우더나 시럽을 섞은 스팀 우유가 라떼아트의 배경이 되며, 스팀 우유가 패턴이 된다.

4) 패턴 형성의 3요소

프리 푸어링 기법을 활용한 라떼아트에서 낙차, 유량, 유속은 패턴 형성에 중요한 역할을 한다. 이 세 가지 요소는 바리스타가 의도한 패턴을 정확히 표현하기 위해 우유 붓는 과정을 섬세하게 조절하는 데 사용된다.

(1) 낙차(Drop Height)

낙차란 피처에서 우유가 떨어지는 높이와 에스프레소와의 거리를 말한다. 낙차가 높을수록 떨어지는 힘에 의해 스팀 우유가 크레마 아래로 더 깊이 들어가면서 에스프레소와 섞이게 되며 패턴이 뜨지 않거나 퍼지게 되고, 낮을수록 우유 거품이 크레마 위에 떠오르게 되면서 선명한 패턴이 형성된다.

▷ **낙차를 높게 해야 하는 경우** : 안정화 작업, 패턴의 중심선을 그을 때, 패턴을 지울 때

▷ **낙차를 낮게 해야 하는 경우** : 선명한 패턴을 띄울 때

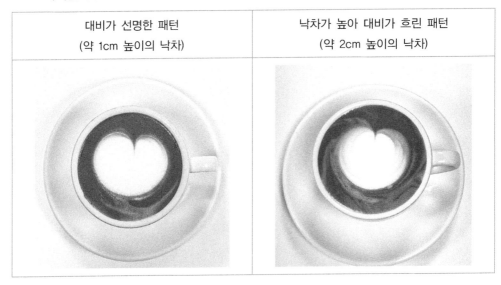

대비가 선명한 패턴 (약 1cm 높이의 낙차)	낙차가 높아 대비가 흐린 패턴 (약 2cm 높이의 낙차)

(2) 유량(Flow Rate)

유량이란 스팀 우유가 피처에서 흘러나오는 정도를 말한다. 유량이 많을수록 우유가 힘있게 흘러가고 크레마와 우유가 쉽게 섞여 패턴이 더 크게 형성되며, 적을수록 패턴의 크기도 줄어들게 된다.

(3) 유속(Flow Speed)

유속이란 스팀 우유가 피처에서 흘러나오는 속도를 말한다. 유량과 유속은 유기적으로 연결되어 있지만 피처의 기울기와 붓는 각도에 따라 미세한 차이는 있다. 유속이 빠를수록 패턴이 잘 퍼져나가 굵고 강한 선을 표현하기에 적합하며, 느릴수록 덜 퍼져나가므로 정교한 패턴을 표현하기에 적합하다.

유량이 적고 유속이 느린 경우	유량이 많고 유속이 강한 경우

2. 라떼아트 준비하기

1) 에스프레소 추출하기

라떼아트에서 에스프레소 추출은 매우 중요한 과정이며 추출량 및 추출 결과에 따라 라떼아트의 결과물에 다양한 방식으로 영향을 미칠 수 있다.

(1) 추출량에 따른 차이

에스프레소는 추출비율에 따라 리스트레토(Ristretto, 1:1~1:2의 추출비율), 에스프레소(Espresso, 1:2~1:3의 추출비율), 룽고(Lungo, 1:3~1:4의 추출비율)로 나눌 수 있으며, 추출비율이 적을수록 농도가 진해 라떼아트에서 대비가 선명해져 많은 바리스타들이 시각적인 면에서 리스트레토 추출을 선호하는 편이다.

하지만 잔의 용량에 따라 에스프레소와 우유의 비율이 달라지며 이것 또한 선명도에 영향을 주게 되므로 라떼아트를 시작하기 전에 사용할 잔의 용량에 맞는 에스프레소 추출을 설계하는 것이 중요하다.

▷ 아래 내용은 추출량에 따른 패턴의 완성도 차이를 나타낸 예시이다.

▷ 사용한 잔의 용량은 190ml이며, 추출량은 리스트레토-에스프레소-룽고 순으로 20ml-30ml-40ml를 사용하였으며 그 외 다른 조건들은 동일하게 진행하였다.

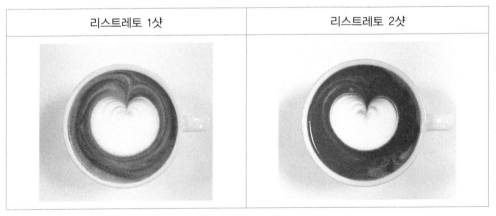

리스트레토 1샷	리스트레토 2샷

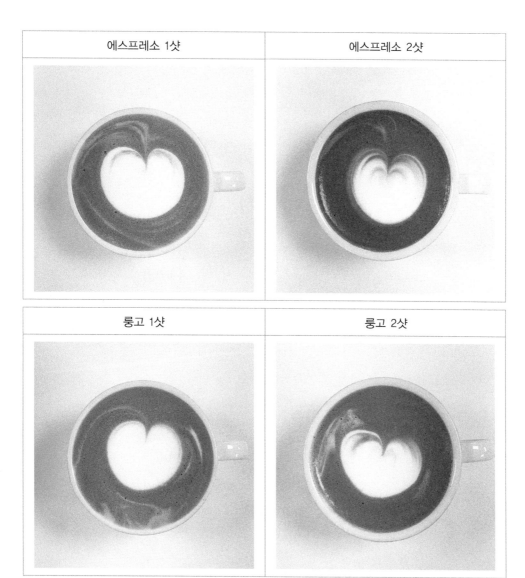

| 에스프레소 1샷 | 에스프레소 2샷 |
| 룽고 1샷 | 룽고 2샷 |

(2) 디게싱에 따른 차이

디게싱은 갓 볶은 원두에서 이산화탄소(CO_2) 가스가 빠져나가는 과정을 의미하는데, 디게싱이 제대로 되지 않은 상태에서 추출하면 크레마가 매우 두껍게 형성되어 우유 거품과 제대로 섞이지 않아 패턴 형성에 좋지 않은 영향을 주게 된다. 반대로

디게싱이 과도하게 진행된 원두에서는 크레마가 제대로 형성되지 않아 라떼아트의 선명도가 낮아질 확률이 높아진다.

따라서 안정적인 추출 및 라떼아트의 완성도를 위해 디게싱이 적절하게 이루어진 원두를 사용하는 것이 중요하다.

2) 우유 스티밍

라떼아트에서 스티밍(Steaming)은 매우 중요한 과정이다. 스티밍의 완성도가 높을수록 우유 거품의 질감이 부드럽고 미세하게 형성되어 라떼아트를 그리기 좋은 상태가 되며, 맛과 질감에도 좋은 영향을 주게 된다. 따라서 라떼아트의 완성도를 높이기 위해서는 우유 스티밍에 대한 이해와 충분한 연습이 매우 중요하다.

(1) 스티밍 준비

- **피처 선택하기**
  ① **크기**(용량) : 피처의 용량은 일반적으로 350ml(12oz), 600ml(20oz), 1L(32oz) 등으로 나뉜다. 피처의 용량은 사용할 잔의 용량 및 잔의 수에 따라 선택해야 한다.
  ② **모양**(스파웃) : 스파웃의 형태는 좁거나 넓은 형태로 다양하게 나타난다. 일반적으로 스파웃의 형태가 넓을수록 유량도 늘어나기 때문에 면을 표현하거나 굵은 선을 그리는 데 적합하고, 좁을수록 섬세한 패턴을 표현하기에 적합하다. 패턴에 따라 적합한 스파웃의 피처를 선택한다면 더 완성도 있는 패턴을 그릴 수 있으며, 전문가들은 피처를 직접 튜닝하여 사용하기도 한다.
- **우유 붓기**
  스티밍 시 우유의 양을 정하는 것은 매우 중요한 부분이다. 판매를 목적으로 한다면 우유 낭비를 최소화하여야 하지만 라떼아트를 할 때 너무 딱 맞는 용량을 사용하면 디자인의 완성도가 떨어질 수 있다.

초보자가 가장 많이 사용하는 6~7oz 잔을 기준으로 피처의 반 정도 우유를 부으면 350ml는 1잔, 600ml는 2잔, 1L는 3잔 분량을 스티밍할 수 있지만, 잔의 용량에 따라 달라질 수 있다.

(2) 스티밍 시 올바른 자세와 노즐 위치

- **스티밍 자세**

  초보자들이 스티밍을 어려워하고 완성도가 낮은 가장 큰 이유는 불안한 자세일 확률이 높다. 스티밍 진행 시 미세한 움직임으로 섬세하게 다뤄야 하는데, 몸이 흔들리거나 피처를 잡은 손이 움직이게 되면 스티밍의 완성도에 영향을 주게 된다.

  자세를 최대한 고정시키기 위해서는 팔꿈치를 몸에 고정시키고, 오른손잡이를 기준으로 왼손은 피처의 손잡이를, 오른손은 피처를 잡아준다. 이때 피처의 움직임을 잡기 위해 오른손의 새끼손가락을 머신 트레이에 올려두어 지지대 역할을 해주는 것이 좋다.

- **노즐 위치**

  노즐은 우유 표면의 어느 위치에 두어도 스티밍을 할 수 있다. 하지만 노즐 위치에 따라 우유와 거품의 질감이 달라질 수 있으므로 올바른 노즐 위치를 유지하는 것이 중요하다.

  ① **스티밍 시작 시** : 노즐의 팁 부분이 잠길 정도로 담근 후 시작하며, 위치는 피처의 중앙에서 약간 옆에 두는 것이 좋다. 노즐이 너무 깊이 담겨 있으면 공기 주입이 늦어질 수 있고 너무 얕게 담겨 있으면 시작과 동시에 원치 않은 공기 주입이 진행될 수 있다.

  ② **공기 주입** : 처음 위치는 고정한 채로 1mm씩 천천히 아래로 내려준다.

  ③ **혼합과정**(롤링) : 공기 주입이 완료되는 시점의 위치를 그대로 유지한다. 롤링 시 회오리가 깊어지면서 공기 주입이 더 진행되지 않도록 1mm씩 위로 올려준다.

커피의 기본

④ 스티밍 종료 시 : 스티밍 종료 후 완전히 멈춘 후 팁을 빼주어야 한다.

(3) 스티밍 진행 순서

① 스팀 분사(퍼징)
- 스팀노즐의 팁이 머신 안에 위치한 상태로 행주로 팁을 막고 충분히 분사해 준다.

② 스팀노즐 위치 잡기
- 노즐이 매우 뜨거우므로 행주로 잡고 위치를 옮겨준다.

③ 피처에 노즐 팁 담그기
- 스팀을 시작하기 전에 원하는 위치에 팁을 위치시킨다.

④ 스티밍 시작
- 팁이 완전히 담겨 있는지 확인한 후 스팀 밸브를 열어준다.

⑤ 공기 주입(거품 만들기)
- 피처를 미세하게 천천히 내려주며 원하는 양만큼 거품을 만들어준다.
- 40℃ 이전에 공기 주입을 마무리해야 한다.

⑥ 롤링(혼합과정)
- 우유와 거품이 잘 혼합되도록 한 방향으로 회전시켜 준다.
- 회오리가 커짐에 따라 미세하게 위로 올려주어 추가로 공기가 주입되지 않도록 한다.

⑦ 원하는 온도까지 롤링 유지
- 온도가 너무 높으면 우유의 단맛이 사라지고 가열취(비린내)가 발생할 수 있다.

⑧ 스티밍 종료
- 팁이 완전히 담겨 있는지 확인한 후 스팀 밸브를 닫아준다.
- 완전히 멈추었는지 확인한 후 피처를 빼준다.

⑨ 스팀노즐 깨끗이 닦아주기
- 행주를 사용해 이물질이 남아 있지 않도록 깨끗이 닦아준다.

⑩ 스팀 분사(퍼징)

　- 스팀노즐의 팁이 머신 안에 위치한 상태에서 행주로 팁을 막고 충분히 분사해 준다.

3. 실전 라떼아트

▷ 자세

라떼아트를 할 때는 몸의 긴장을 풀고 편안한 마음으로 하는 것이 매우 중요하다. 아래의 내용을 참고하여 자세를 잡아보되, 각자의 몸에 편한 자세로 수정하며 연습한다.

- 먼저 양발은 어깨너비 정도로 벌린 후 몸은 중심이 앞쪽으로 향하도록 살짝 기울여준다.
- 오른손잡이를 기준으로 잔은 왼손으로 잡으며 잔의 손잡이가 몸쪽을 향하도록 하고, 피처는 오른손으로 잡아주고 팔꿈치는 살짝 들어준다.
- 잔과 피처는 명치 높이 정도로 들어주며 몸에 너무 붙지 않게 해준다.
- 잔을 잡은 왼손은 푸어링 시 유량에 따라 일정하게 세워줄 수 있도록 연습하고, 피처를 잡은 오른손은 푸어링 시 팔꿈치를 점점 세워 일정한 유량을 유지해 주어야 한다.

▷ 안정화 연습하기

〈제조방법〉
① 잔을 스팀피처 방향으로 기울여준다.
② 에스프레소의 가장 깊은 부분에 약 5~10cm 높이로 스팀밀크를 부어 안정화 작업을 한다.
③ 잔의 30~40% 정도가 차면 푸어링을 멈춘다.

※ 크레마 표면과 너무 가깝게 푸어링을 하면 우유 거품이 표면에 떠서 지저분
해질 수 있으니 주의해야 한다.

※ 안정화작업을 할 때 잔의 안쪽 벽에 닿으면 흰 거품이 뜨게 되므로 잔에
닿지 않도록 주의해야 하며, 깨끗한 표면을 유지하기 위해서는 큰 원을 그
리기보다는 좌우로 긴 타원 형태로 그려주는 것이 좋다.

 ▶  ▶

낮은 위치에서 안정화를 한 경우	잔 벽면에 우유가 닿은 경우

▷ **타점**(푸어링 위치)

- 푸어링 시 같은 타점이라 하더라도 유량과 유속에 따라 결과물이 달라질 수
있다. 유량이 많고 유속이 빠른 경우 패턴이 강하게 흘러가 잔의 아래쪽으로
패턴이 형성될 수 있고, 유량이 적고 유속이 느린 경우 패턴이 약하게 흘러가

잔의 위쪽으로 패턴이 형성될 수 있다. 따라서 패턴을 띄우기 전 타점을 정해놓고 시작하되, 완성된 패턴의 위치를 보고 수정해 나갈 수 있어야 한다.

1) 면하트

〈제조방법〉

① 잔을 스팀피처 방향으로 기울여준다.

② 에스프레소의 가장 깊은 부분에 스팀밀크를 부어 안정화 작업을 한다.
   (잔의 30~40% 채우기)

③ 잔의 1/3 지점에서 푸어링을 시작한다.

④ 일정한 유량을 유지하며 잔의 중심까지 이동하며 푸어링한다.

⑤ 계속해서 일정한 유량으로 푸어링하며 유량에 맞추어 잔을 천천히 세워준다.

⑥ 잔을 완전히 세워 가득 채운다.

⑦ 잔이 가득 찰 때쯤 서서히 유량을 줄여 마무리한다.

⑧ 면하트 완성

2) 결하트

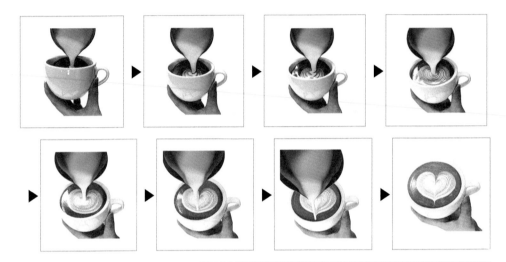

〈제조방법〉

① 잔을 스팀피처 방향으로 기울여 에스프레소의 가장 깊은 부분에 스팀밀크를 부어 안정화 작업을 한다. (잔의 30~40% 채우기)

② 잔의 1/3 지점에서 푸어링을 시작한다.

③ 푸어링 시작과 동시에 핸들링을 시작하되, 일정한 유량으로 푸어링하며 유량에 맞추어 잔을 천천히 세워준다.

④ 일정한 유량과 핸들링을 유지하며 잔의 중심까지 이동하며 푸어링한다.

⑤ 잔을 완전히 세워 가득 채운 후 피처를 3cm 위로 들고 유량을 조금 줄여준다.

⑥ 천천히 앞으로 이동하며 중심선(꼬리)을 그어준다.

⑦ 완전히 꼬리가 그어진 후 마무리한다.

⑧ 결하트 완성

3) 3단 튤립

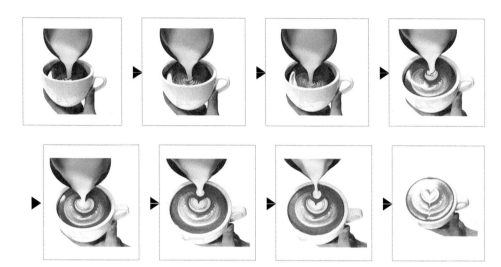

〈제조방법〉

① 잔을 스팀피처 방향으로 기울여 에스프레소의 가장 깊은 부분에 스팀밀크를 부어 안정화 작업을 한다.(잔의 30~40% 채우기)

② 잔의 1/2 지점에서 푸어링을 시작한다.

③ 일정한 유량으로 푸어링하며 잔을 천천히 세우다가 적절한 크기(1단)에 멈춘다.

④ 남은 공간의 1/2 지점에서 앞으로 이동하며 푸어링한다. 푸어링 시 잔을 천천히 세우며 적절한 크기(2단)에 멈춘다.

⑤ 남은 공간의 1/2 지점(제자리)에서 푸어링한다. 푸어링 시 잔을 완전히 세우며 적절한 크기(3단)에 멈추고,

⑥ 피처를 3cm 위로 들고 유량을 조금 줄여준다.

⑦ 천천히 앞으로 이동하며 중심선을 그어준다.

⑧ 3단 튤립 완성

4) 로제타

〈제조방법〉

① 잔을 스팀피처 방향으로 기울여 에스프레소의 가장 깊은 부분에 스팀밀크를 부어 안정화 작업을 한다. (잔의 30~40% 채우기)

② 잔의 1/2 지점에서 푸어링을 시작한다.

③ 푸어링 시작과 동시에 핸들링을 시작하되, 일정한 유량으로 푸어링하며 유량에 맞추어 잔을 천천히 세워준다.

④ 패턴의 양쪽 끝이 말려 올라가는 시점까지 일정한 유량과 핸들링을 유지한다.

⑤ 이후 일정한 유량과 핸들링을 유지하며 뒤로 이동해 준다.

⑥ 피처를 3cm 위로 들고 유량을 조금 줄여준다.

⑦ 천천히 앞으로 이동하며 중심선을 그어준다.

⑧ 로제타 완성

5) 2024 화이트 타이거

〈제조방법〉

① 면하트(패턴(1) 참고)를 잔 중앙에 띄워준다.
② 에칭핀의 넓은 면적을 이용해 면하트에 있는 흰 부분의 거품을 떠서 귀를 만들어준다.
③ 에칭핀의 뾰족한 부분을 이용해 선들을 그어준다. 선을 그어줄 때 크레마 부분에 먼저 에칭핀을 담근 후 그릴 위치에 살짝 담근 상태로 그어준다. (선의 굵기에 따라 담그는 정도를 다르게 해준다.)
④ 에칭핀의 뾰족한 부분을 이용해 눈과 코의 작은 원을 찍어준다. 점을 찍을 때도 마찬가지로 크레마 부분에 먼저 에칭핀을 담근 후 그릴 위치에 찍어준다.
⑤ 에칭핀의 뾰족한 부분을 이용해 코와 연결된 입의 선을 그어준다. 선은 코의 점에서 시작하고, 얇은 선을 표현하기 위해 에칭핀을 살짝만 담근 채로 선을 그어준다.
⑥ 에칭핀의 뾰족한 부분을 이용해 눈 안쪽에 작은 흰색 점을 찍어준다.
⑦ 에칭핀의 뾰족한 부분을 이용해 귀 안쪽에 갈색 점을 찍어준다.
⑧ 화이트 타이거 완성

The Basics of Coffee

6

커피 로스팅
COFFEE ROASTING

6 | 커피 로스팅

우리가 흔히 일상에서 커피라고 하는 것은 음료로 만들어진 한 잔의 커피음료를 말한다. 그 한 잔의 커피가 완성되기까지는 많은 과정을 거쳐야만 한다. 생산지에서는 커피나무가 자라고 열매를 맺으면 그 열매를 가공하여 건조단계를 거치면 흔히 생두의 형태로 유통된다. 그러나 생두의 형태로는 우리가 말하는 한 잔의 커피를 마실 수 없다. 그럼 어떤 과정을 더 거쳐야 하는 것일까? 바로 생두에 열을 넣어 원두커피 형태로 변화해야만 비로소 한 잔의 커피를 마실 수 있는 준비가 된 것이다.

1. 로스팅의 개념

생두의 형태에서 열을 가해 원두의 형태로 바꾸는 과정을 로스팅 과정이라 한다. 즉, 생두에 열을 가해 커피를 음용할 수 있는 형태로 만드는 것을 의미한다. 열을 이용해서 언제부터 커피를 볶았는지에 대한 기록은 분명하지 않지만, 생두에 열을 가하면 생두에서 나지 않던 맛과 향이 나타난다는 것을 발견한 이후부터 다양하게 로스팅하고 있으며, 로스팅 과정을 통해 생두가 가진 맛과 향을 나타나게 할 수 있게 되었다.

생두	원두

2. 로스팅머신

로스팅은 열을 생두에 전달해서 원두의
형태로 변화시키는 과정이다. 쉽게 말해 열
로 요리하는 과정과 비슷하다. 식재료에 열
을 가해 먹을 수 있는 요리의 형태로 변화시
키는 과정 즉, 식재료를 굽는 과정이다. 그
과정에서 어떻게 요리하는지에 따라 우리가
먹는 음식의 질이 달라질 수 있는 것이다.
스테이크를 굽는다고 생각해 보자. 맛있는
스테이크를 굽기 위해서는 어떤 도구를 이
용해서 어떻게 구울 것인지를 고민할 것이
다. 프라이팬을 쓸 건지 오븐에 요리할 건지,
숯불에 구울 건지, 어떻게 결정하는가에 따

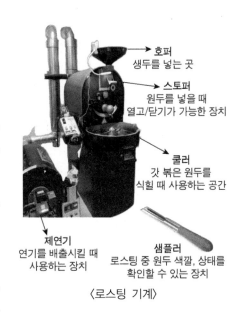

호퍼
생두를 넣는 곳

스토퍼
원두를 넣을 때
열고/닫기가 가능한 장치

쿨러
갓 볶은 원두를
식힐 때 사용하는 공간

제연기
연기를 배출시킬 때
사용하는 장치

샘플러
로스팅 중 원두 색깔, 상태를
확인할 수 있는 장치

〈로스팅 기계〉

라 스테이크의 맛이 달라진다는 것을 알고 있다. 로스팅 역시 마찬가지로 어떤 도구
를 이용하여 어떻게 로스팅했는지에 따라 커피의 맛이 바뀐다.

로스팅 머신은 주로 열원에 따라 가스식, 전기식으로 나뉘며 드물지만 숯을 이용
하는 경우도 있다. 또, 로스팅 기계의 구조에 따라 드럼형, 수직형(드럼형과 유사하나

드럼형과 비교해서 드럼의 방향과 생두 교반형태가 다름), 원심력형(원심력을 이용해서 생두를 교반), 유동층(공기의 힘을 이용해 생두를 교반함) 등이 있다. 그러나 최근에 가장 많이 사용하는 방법은 열전달 방법에 따라 분류하는 것이다. 열전달 방법은 직화식, 반열풍식, 열풍식으로 나뉜다.

1) 직화식

직화식은 열원이 생두에 직접 닿아서 열을 전달하는 방식이다. 드럼형을 예로 들면 드럼에 구멍들이 뚫려 있어 그 구멍을 통해 열이 직접적으로 생두로 전달되는 방식이다. 반열풍식보다 예열시간이 짧고 즉각적인 열 조절이 가능한 반면, 열이 고르게 전달되지 않아 내외부가 고르게 익지 않을 수 있다.

2) 반열풍식

오늘날 많은 로스터기가 반열풍식으로 사용되고 있다. 직화식과 다르게 드럼에 구멍이 나 있지 않으며 열원으로부터 드럼이 열을 전달받고 다시 드럼에서부터 생두로 열을 전달하며 동시에 열원으로부터 가열된 공기가 드럼 뒤쪽을 통해 드럼 내부로 전달된다. 환경의 변화에 영향을 덜 받아서 열이 비교적 균일하게 전달된다.

3) 열풍식

열풍식은 열원이 직접적으로 닿거나 어떤 물체를 통해서 열이 전달되는 게 아니라 데워진 공기 즉, 열풍에 의해서 열이 전달되는 방식이다. 드럼형의 경우 드럼 안쪽 부분으로 열이 전달되는 방식이며, 수직형의 경우 가열된 열풍에 의해 생두를 공중에 띄워 생두 사이로 열을 통과시키면서 로스팅하는 방법이다.

3. 로스팅을 통한 변화

'로스팅을 하면 어떤 변화가 일어나나요?' 하고 질문하면 제일 먼저 색상 얘기를 많이 할 것이다. 커피를 잘 알지 못하는 사람들도 커피가 얼마나 시커먼 색상인가에 따라 커피가 쓴맛이 날 것인지 아닌지 정도는 얘기할 정도이니 이런 변화가 맛의 부분에서 어떻게 영향을 미칠지는 경험으로 알게 된다. 이런 색상 말고도 로스팅을 통하여 변화되는 것들이 많다. 크기의 변화, 맛의 변화 등 여러 가지가 있다. 즉, 로스팅이 진행되는 동안 생두는 다양한 변화를 통해 원두의 모습으로 재탄생되며, 이 로스팅을 통해 커피의 본질적인 맛이 나타나게 된다.

1) 물리적 변화

로스팅이 진행될 때 표면적으로 우리가 보고 느낄 수 있는 변화를 말한다. 눈으로 확인할 수 있는 변화는 크기가 커진다. 로스팅이 진행되면서 생두의 조직들이 열을 받으면서 크기가 커진다. 또 눈으로 확인할 수 있는 변화는 색상의 변화이다. 처음 생두의 색깔은 녹색이나 노란색이 섞인 색(생두의 가공방식에 따라 색상이 다를 수 있음)이며 로스팅 과정을 통해 차츰 노란색으로 변하고 점점 더 열을 받아 밝은 갈색, 어두운 갈색, 더 진행되면 검은색에 가까운 색으로 변한다. 즉, 녹색-노란색-연한 갈색-갈색-고동색-검은색의 단계로 변하게 된다.

| 라이트
(Light) | 시나몬
(Cinnamon) | 미디엄
(Medium) | 하이
(High) | 시티
(City) | 풀시티
(Full City) | 프렌치
(French) | 이탈리안
(Italian) |

로스팅 과정에서 색상의 변화

　로스팅 과정에서 생두 내부의 수분과 이산화탄소가 방출되면서 갈라지는 현상이 발생하는데, 이 현상을 크랙 혹은 팝핑이라고 부른다. 이러한 크랙은 소리로 확인할 수 있으며 로스팅 과정에서 크랙은 총 두 번 일어나는데 이는 1차 크랙, 2차 크랙으로 불리며 조금 다른 소리로 들린다. 이 크랙은 로스팅 정도를 정하는 데 중요한 지표가 된다.

　로스팅 과정에서 또 다른 특징을 말하라고 한다면 부피와 질량의 변화이다. 생두는 열을 받아 로스팅이 진행되면서 크랙의 과정을 거치는데 1차 크랙 이후에 커피콩은 다공질화되어 부피가 팽창하는데 보통은 생두의 크기에 비해 1.5배 정도 커지게 되며, 2차 크랙이 일어나면 더욱 다공질화되어 쉽게 부서지는 상태로 바뀌며 크기는 2배 정도 증가하게 된다. 로스팅 과정을 통해 크기가 증가하는 반면, 커피 무게는 점점 줄어들게 된다. 이런 질량은 로스팅 과정에서 생두가 가지고 있던 수분이 증발하면서 줄어들며 로스팅 시간이 길어질수록 비례하여 줄어들게 된다.

2) 화학적 변화

　생두 안에 탄수화물, 지방, 단백질, 무기질, 산, 카페인, 휘발성 화합물 등 많은 성분들이 존재하고 이런 성분들은 로스팅 과정에서 다양한 변화가 일어나며, 생두가 가지고 있던 탄수화물이 열에 의해 분해되면서 비로소 우리가 알고 있던 커피의 향으로 변하고 로스팅 과정을 거치면서 캐러멜화 등의 반응으로 커피 특유의 향미가 생겨난다.

3) 맛의 변화

　로스팅 과정을 통해 우리가 알고 있던 커피의 향미가 나타나게 된다. 커피는 신맛, 단맛, 쓴맛을 가지고 있는데 이 세 가지 맛의 조합을 커피의 밸런스라고 한다. 로스팅 과정에서 이런 맛들은 변화하게 되는데 로스팅 정도에 따라 각각의 맛이 내는 강도가 달라지게 된다. 로스팅이 진행되면서 신맛은 줄어들게 되고, 쓴맛은 점점 증가하며, 단맛은 일정구간까지 증가하다 점차 줄어들게 된다.

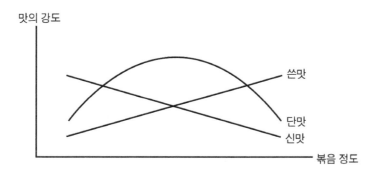

로스팅 과정에서 생두가 원두로 바뀌면서 밝은색에서 점차 어두운색으로 진행되는데 원두의 색이 밝은색이면 신맛이 강하게 느껴지고, 어두운색이면 쓴맛이 강하게 느껴지는데 이러한 특징을 통해서 로스팅하고자 하는 생두의 특징 및 어떠한 맛을 나타내고자 할지에 따라 로스팅 정도를 조절하게 된다.

4. 로스팅 과정에서의 열전달

앞서 로스팅의 개념에서 말했듯 로스팅은 열을 이용해 생두에서 원두의 형태로 바꾸는 행위를 말한다. 열을 이용하기 때문에 열의 성질을 잘 파악하는 것도 아주 중요하다.

열은 에너지가 전달되는 하나의 방식이며 평형상태가 아닌 것들 사이에서 흐르며 항상 높은 쪽에서 낮은 쪽으로 흐른다. 온도가 다른 두 물체가 접촉하면 온도가 서로 같아지는 열평형 상태가 될 때까지 열을 교환한다. 즉, 어떤 두 사람이 악수를 했을 때 한 사람은 따뜻하게 느끼고 한 사람은 차갑게 느낄 것이다. 따뜻하게 느끼는 사람은 열에너지가 자신에게 오는 것이고 차갑게 느끼는 사람은 열에너지가 상대방한테 가는 것이다.

로스팅 과정에서도 이런 열전달이 이루어지며 어떤 방식으로 전달되는지를 이해하는 것도 로스팅을 이해하는 과정으로 볼 수 있다.

1) 전도

두 물질 간 접촉을 통하여 열이 전달되는 방식이다. 손으로 어떤 물체를 잡았을 때 차갑게 느끼거나 뜨겁게 느껴지는데. 이는 손으로 물체를 잡은 면을 통하여 열이 이동되는 것이다. 로스팅 과정에서도 예열된 드럼의 열이 그보다 낮은 온도의 생두로 접촉한 면을 통해서 열이 전달되고, 생두 간에도 접촉면을 통해 열이 전달된다.

2) 대류

접촉하지 않은 상태에서 열이 전달되는 방식인데, 액체나 기체를 통해 열이 이동하는 방식을 말한다. 일상에서는 에어컨이나 히터를 켜면 시원함이나 따뜻함을 느끼는 것도 공기가 시원해지거나 데워져서 우리에게 전달되는 것이다. 로스팅에서는 열원으로부터 데워진 공기가 흐르면서 생두로 열이 전달된다.

3) 복사

접촉하지도 않고 액체나 기체가 중간에서 전달하는 방식이 아니라 파장의 형태로 전달되는 방식이며 로스팅 중에는 드럼에서 발생되는 복사열이 로스팅의 영향을 받는다.

5. 로스팅의 단계

로스팅 과정에서 커피는 색이 변하고, 무게가 줄어들고, 크기가 커지고 밀도가 줄어들어 부서지기 쉬워지고 수분이 줄어드는 등의 물리적 변화가 일어난다. 이런 변화가 얼마나 진행되었는지에 따라 결과물의 맛이 달라지므로 로스팅이 얼마나 진행되었는지를 전달하는 게 중요해졌다. 로스팅 정도를 분류하는 방법은 일본의 로스팅 8단계, SCA 분류 등 다양한 분류법이 있지만 표준화되어 있지 않다.

다만 로스팅 과정에서 녹색이었던 생두는 점차 노란색을 거쳐 갈색 검은색으로

로스팅이 진행된다. 이는 마이야르 반응(Maillard reaction)과 캐러멜화(Caramelization)에 의해 나타나게 된다. 로스팅이 진행되면서 색이 점차 어두운색으로 변하게 된다. 이러한 색의 변화가 중요하게 대두되면서 최근의 커피시장에서는 로스팅 정도를 색도와 비교해서 나타내고 색도를 숫자로 표현해 놓은 아그트론 넘버(Agtron No.)를 사용한다.

	Agtron No.	SCA	일본식 8단계
	#95 (90 ~)	Very Light	Light
	#85 (80 ~ 89)	Light	Cinnamon
	#75 (70 ~ 79)	Moderately Light	Medium
	#65 (60 ~ 69)	Light Medium	High
	#55 (50 ~ 59)	Medium	City
	#45 (40 ~ 49)	Moderately Dark	Full City
	#35 (30 ~ 39)	Dark	French
	#25 (20 ~ 29)	Very Dark	Italian

6. 로스팅의 진행 순서

1) 로스팅의 계획

로스팅하려는 생두의 수분, 품종, 크기, 밀도 등 다양한 정보들을 파악하고 로스팅을 어떻게 할지 세부계획(투입온도, 로스팅시간, 배출온도, 화력조절 등)을 세운다.

2) 예열

항상 로스팅하기 전에는 예열 단계를 거친다. 온도계에 표시되는 온도는 충분할

지 모르지만 실제 로스팅 머신 안이나 드럼에 전체적인 열이 충분히 가지 않을 가능성이 있어서 30분 이상 충분히 예열해 주는 것이 좋다.

3) 투입

충분히 예열되었다면 준비된 생두를 호퍼에 담고 로스팅 계획상 원하는 온도가 되었을 때 호퍼를 열어 생두를 드럼 안으로 투입한다.

4) 로스팅

로스팅머신 내부, 드럼이 가지고 있던 열이 생두로 전달되면서 로스팅이 진행된다. 초반에 서서히 열을 받아 온도가 천천히 올라가며 150℃ 정도 되면 노란색(옐로단계)을 띠며 고소한 향이 나기 시작한다. 옐로단계가 끝나면 점차 색이 갈색으로 변해가며 190~200℃가 되면 탁탁 소리가 나는 1차 크랙이 발생하면서 원두 고유의 향이 나기 시작한다. 로스팅이 더욱 진행되면 점점 진한 갈색으로 변하고 연기가 나기 시작하면서 커피에서 파열음이 나는 2차 크랙이 진행된다. 2차가 진행되면 로스팅이 급격하게 진행된다. 로스팅계획에서 언제 커피를 배출할지 미리 결정하고 샘플러로 로스팅 진행을 확인하여 원하는 로스팅이 되었을 때 즉각 로스팅을 마무리한다.

5) 냉각

원하는 로스팅이 되었을 때 즉각 배출구를 열어 로스팅 중인 커피를 쿨러로 배출시킨다. 커피 안에는 열이 존재해서 내부의 열로 인해 로스팅이 계속 진행되므로 로스팅을 마치는 즉시 냉각시켜 줘야 한다.

6) 평가

로스팅된 커피는 처음 로스팅 계획에 맞게 로스팅되었는지 커피에 대한 정보(크기, 수분, 무게, 색도, 맛 등)를 평가하고 자료를 토대로 다음 로스팅을 어떻게 할지 계획을 세운다.

7

세계 커피문화
World Coffee Culture

7 세계 커피문화

1. 각국의 커피

1) 에티오피아

(1) 에티오피아 커피산업

아프리카 북동부에 위치한 에티오피아의 총면적은 남한의 총면적보다 11배 크며 인구는 1억 3천만 명 정도이다(120개 부족과 82개의 부족언어 존재). 공용어는 암하릭이고 고유문자를 가진 솔로몬과 시바 여왕의 후계들이다. 에티오피아는 세계 5위의 커피 생산국이자 아프리카 최대의 커피 수출국으로, Kaldi의 전설로 유명한 Kaffa는 아라비카 커피의 발상지이다.

에티오피아 국내 중산층 소비자들은 강한 향과 고품질 브랜드의 가용성 때문에 분쇄커피를 선호하는 경향이 있다. 이러한 추세로 인해 분쇄커피가 가장 많이 소비되고 있다. 향미는 훌륭하지만 중산층 주도 시장이므로 아직 결점두 관리가 잘 안 되고 있다. 인스턴트 커피도 유통되기 시작했다. 향후 몇 년 동안 에티오피아 커피 시장은 연평균 5.67% 성장할 것으로 예상된다.

(2) 에티오피아 커피시장 동향

에티오피아에서 아라비카 커피는 주로 서부 카파(Kaffa) 지역과 부노(Buno) 지역의 남서부고산 지역에서 재배된다. 또한 모카 하라르, 모카 이르가체페, 모카 시다모 지역은 최고급 풍미를 자랑하고 있다. 생두의 95%는 에티오피아 산림지역에서 생산되며 야생 커피이다. 유기농커피 인증이 필요없다. 미국 농무부에 따르면 2024~25년 동안 에티오피아는 495,000kg 커피를 생산할 것으로 예상한다. 지구 온난화로 기후가 변화함에 따라 커피농업 기반 경제구조가 흔들리고 있다. 정부는 커피 품질 향상과 수출 증대를 위해 다양한 정책을 추진 중이며, 국제시장에서 에티오피아 커피의 품질을 높이기 위해 노력하고 있다. 그 예로 Q1(G1~G13), Q2(G1~G13) 기준을 세워 품질을 세분화하여 26개의 등급으로 나누었다. 그러나 인프라 부족과 기후 변화 등의 도전 과제가 남아 있으며, 이를 극복하기 위한 지속 가능한 개발 전략이 필요하다. 에티오피아 커피산업의 장기적 발전 전략은 다음과 같다.

- **연구개발** : 기후 변화와 질병에 강한 고품질 커피 품종 개발
- **생산성 향상** : 종자 및 묘목 유통시스템 개선과 금융지원을 통해 생산성을 높임
- **품질 관리** : 재정 및 기술 자문을 통해 품질 관리 역량 강화
- **고부가가치 제품개발** : 고급 포장재 도입으로 부가가치 제품 수출 확대
- **마케팅 강화** : 브랜딩과 프로모션을 통해 국제시장에서의 경쟁력 강화

(3) 에티오피아 정부의 노력

에티오피아 정부는 커피 진흥정책을 통해 커피의 양과 질 향상에 매우 심혈을 기울이고 있으며, 이를 위해 커피차청(Ethiopian Coffee and Tea Authority, ECTA)과 에티오피아 상품거래소(Ethiopia Commodity Exchange, ECX)와 같은 중요 기관을 설립하여 운영하고 있다. 그중 커피차청(ECTA)은 에티오피아 커피산업의 전반적인 개발 및 관련 산업 보호를 담당하고 있다. 커피 수출은 주로 ECX가 담당한다.

에티오피아는 ECX를 통해 에티오피아에서 수출되는 커피의 품질을 개선해 커피

농가의 소득을 증진시키기 위해 노력 중이다. ECX는 에티오피아 커피 생산자와 구매자 간에 안정적이고 투명한 거래가 이루어질 수 있는 플랫폼 역할을 하고 있다. 에티오피아 커피가 국제시장에서 더 좋은 상품성을 가질 수 있도록 전문적이고 세분화된 커피 품질 평가 시스템을 도입해 커피 등급을 더욱 세분화하는 등 다양한 노력을 기울이고 있다.

한편 다양성이 높은 에티오피아 커피 중 국제적으로 인지도가 높았던 모카 이르가체페, 모카 시다모, 모카 하라르 커피의 경우 에티오피아 정부가 커피 홍보를 목적으로 2004년에 국제상표등록을 완료해 등록상표가 없는 에티오피아 내 다른 커피 품종에 비해 국제시장에서 약 10% 가까이 더 높은 가격을 받게 되었다.

그러나 에티오피아 정부의 이런 노력에도 불구하고 에티오피아 커피 생산량의 70~80%는 여전히 자연건조방식(Natural Processing)으로 가공하고 있으며, 일정한 품질을 유지하는 데 유리한 습식법(Washed Process)은 겨우 20~30% 정도의 농가만 하고 있다. 이는 에티오피아의 장기적 외환 부족에 기인하는데, 습식법으로 가공하기 위해서는 펄핑 기계 등 다양한 장비들이 필요하나 수입을 위한 외환 부족 및 높은 물류비 등으로 인해 여전히 많은 농가에서 자연건조방식을 이용할 수밖에 없기 때문이다.

에티오피아 커피 생산지

(4) 마스칼 축제의 유래

마스칼 축제는 에티오피아에서 기독교의 십자가 발견을 기념하는 전통적인 축제이다. 유네스코에 등재된 이 축제는 에티오피아에서 매년 9월 27일에 열리며, 한국에서는 "춘천시 에티오피아 길 7"에서 9월 27일 이후 첫 번째 일요일에 열린다. '마스칼'은 암하라어로 '십자가'를 의미한다. 국가 최대의 연중행사로 정치, 종교, 이념을 떠나 모두 즐거운 마음으로 참여하여 평안과 축복을 기원한다.

▲ 사단법인 에티오피아벳 사진 제공

　에티오피아의 마스칼 축제는 로마의 콘스탄틴 대제 때부터 1670년간 이어져 오는
데 마스칼(Maskal)이란 십자가를 뜻하기도 한다. 즉 마스칼은 에티오피아 수도 아디
스아바바 북쪽으로 438킬로미터 떨어져 위치한 기셴 마리암(Gishen Mariam)수도원에
있는 진실 십자가(True Cross)를 상징하기도 한다. 이 수도원 안에는 제라 야콥(Zera Yacob:

1434-1468) 집권시기에 그 십자가를 얻게 된 동기를 기록한 테푸트(Tefut)라고 불리는 대규모 서적이 비치되어 있다. 중세시대에 에티오피아의 기독교 왕국은 곱틱 소수민들을 보호하고 그들을 박해하는 세력들에 대항하기 위해 전쟁을 벌였다. 그들은 전쟁에 대한 보상으로 대부분 금을 받았으나 황제 다윗(Dawit)은 알렉산드리아 대주교에게 진실 십자가의 조각을 요구하였다. 그는 이것을 마스칼에서 받았다. 이것을 기념하기 위해 해마다 마스칼 광장에서 축제가 시작되었다. 또한 마스칼은 이 시기에 산과 들판에 만발하는 데이지꽃을 일컫기도 한다. 에티오피아의 계절은 6월 중순에서 9월까지의 우기(雨期)와 10월에서 3월까지의 건기(乾期)로 나누어진다. 우기가 시작되는 9~10월에는 신록이 아름답고 국화(國花)인 '마스칼 데이지'의 꽃이 한창 피는 가장 좋은 계절이다. 에티오피아의 정월과 마스칼 축제도 이 시기에 있다.

마스칼 축제는 해질 무렵 성직자들의 행렬로 시작해서 마스칼 광장에서 데이지꽃으로 장식된 피라미드형 나뭇더미에 불을 피우고 돌면서 새벽녘까지 춤과 음악으로 한 판의 축제마당을 벌인다. 나뭇더미가 불에 타 무너지는 것이 봄의 시작을 상징한다. 이는 옛날 켈트족들 사이에서 벌어졌던 메이플 축제와 그 성격이 비슷하다고 하겠다. 마스칼 축제의 기원은 326년 3월 19일에 시작되었으나 현재는 9월 27일에 벌어지고 있다. 이 축제를 통해 많은 의식들을 관찰할 수 있는데 직접적으로 여왕 헬리나(Helina)의 전설에서 찾아볼 수 있다. 축제 전날 밤 데이지 꽃다발을 노란 제단 위에 바친다. 밤 동안 이 꽃다발은 제단 앞에 쌓여 불을 피우게 된다. 이것은 헬리나 여왕이 향에 불을 피우고 도움 요청하는 기도하는 행위를 상징하는 것이다. 헬레나 여왕은 연기가 피어오르면 땅을 파서 십자가 세 개를 찾아야 했다. 그 십자가 중의 하나는 진실 십자가(True Cross)라고 불리는데 이 십자가는 많은 기적을 일으킨다.

축제의 시기 동안 북부 고원지대와 산악지역에는 마스칼 데이지꽃이 노랗게 핀다. 축제기간에는 춤을 추고 모닥불을 피워 주위를 환하게 비춘다. 심지어는 예포를 발사하며 축제의 흥을 돋운다. 이 축제는 축제 전날 마을 광장이나 시장에 초록색 잎을 가진 나무를 심는 것에서 그 시작을 알린다. 참가자 모두는 막대기 하나씩을 가져와 피라미드 형태의 제단을 만들며 저녁이 되면 이곳에 불을 붙여 축제를 벌인

다. 치보(Chibo)라 불리는 유칼립투스 가지의 횃불은 데메라(Demera)라고 불리는 제단 나뭇더미에 불을 붙이는 데 이용된다.

아디스아바바에서는 이 축제를 오후 일찍부터 시작한다. 큰 행렬을 이룬 사람들이 여러 방향에서 마스칼 광장으로 횃불을 들고 모인다. 이 군중들 중에는 명망 있는 성직자들과 학생들, 브라스 밴드(brass band)들, 그리고 무장한 군인들과 큰 십자가를 나르는 사람들이 참가한다. 광장에 모인 수천 명의 군중들은 츠데이(Tseday)라 불리는 황금색 햇빛과 꽃들의 계절이 찾아옴을 환영한다. 저녁에는 불꽃이 어둠을 밝힌다. 피라미드 제단은 새벽까지 불타오른다. 이 축제기간 동안 각 가정은 비축해 둔 음식과 술을 낯선 이방인들에게도 대접한다(사단법인 에티오피아벳 https://www.koreatimes.co.kr/www/nation/2024/10/113_383397.html).

2) 과테말라

(1) 과테말라 커피산업

중앙아메리카에 위치한 과테말라의 총면적은 남한의 총면적보다 약간 크며 인구는 한국 인구의 1/3 정도이다. 미국과 국경을 이루는 멕시코 바로 밑에 있다. 과테말라 산업의 70%를 커피가 차지할 정도로 커피가 주요 작물이자 국가 산업이다. 12만 6,000여 개의 농장에서 생산되는 원두부터 유통, 수출, 브랜드화 전반을 국가에서 국립커피협회를 조직해 커피산업을 관리하고 있다.

(2) 커피 품종과 맛

'과테말라'는 원주민어로 "나무의 나라"라는 뜻이다. 열대우림에 멸종 희귀동물인 재규어가 살 수 있을 만큼 자연환경이 그대로 유지되고 있다. 과테말라 커피는 커피 재배에 적합한 토양을 갖추고 있으며 전통 커피 재배방식인 '그늘 재배 커피'로 많이 알려져 있다. 다양한 기후로 인해 산마르코스, 아카테낭고, 안티구아, 코반, 프라이하네스, 아티틀란, 우에우에테낭고, 뉴오리엔테 등 8개의 원산지로 구분되며 지역 기후 특성에 따라 다양한 맛과 풍미를 선사한다. 과테말라 커피는 다양한 맛과 향을 가지고 있으며 초콜릿, 캐러멜, 견과류, 과일 등의 풍부한 향미와 바디감이 좋은 것이 특징이다. 안티구아 지역의 커피는 밝은 산미와 초콜릿, 향신료가 느껴지고, 우에우에테낭고 지역 커피는 복합미와 함께 단맛, 밝은 산미의 과일향이 풍부해 개인적으로 필자가 선호하는 맛이며 매장에서 많이 사용하고 있다. 아티틀란은 아티틀란 호수로 유명하며 호수 근처 파나하첼의 작은 마

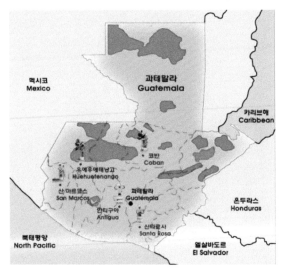

출처 : https://blog.naver.com/lunarossa2/220191718616

을에 한국인 청년들이 직접 운영하는 '카페로코' 커피숍이 있다고 2017년 인간극장에 소개되기도 했었다. 지금도 운영 중이며 과테말라에 가면 꼭 들러보고 싶은 곳이다. 이 지역 커피는 강한 신맛이 특징적이며 향과 바디감이 강하고 중후한 맛이 특징이다.

(3) 과테말라 걱정인형 유래

걱정인형은 마야문명의 전설로 중부 아메리카의 과테말라에서 오래전부터 전해 내려오는 인형이라고 한다. 과테말라의 활화산 때문에 과테말라 부모들은 아이가 공포심이나 두려움 등의 걱정으로 잠을 이루지 못할 때, 작은 천으로 만든 보자기 가방 또는 나무상자 안에 여섯 개의 아주 작은 인형을 넣어 아이에게 선물로 주었다고 한다. 아이는 하루에 하나씩

걱정을 말하고 베개 밑에 인형을 넣어두고 자고 나면 걱정인형이 걱정을 다 가져가

서 걱정이 없어져 공포심이나 두려움을 치유할 수 있다고 한다. 나도 과테말라에 사는 지인으로부터 걱정인형을 선물받고 매장에서 입는 앞치마에 늘 달아놓고 있다. 과테말라 부모들과 같은 마음으로 모든 걱정거리가 다 사라지기를 바라면서…
그 외에도 과테말라의 관습으로 전해 내려오는 알록달록한 핸드메이드 수공예품인 우정팔찌와 새 모양의 배지도 있다. 우정팔찌는 '팔찌를 서로에게 채워주고 끊어질 때까지 사용하면 우정이 지속된다'고 한다. 과테말라의 화폐단위는 '케찰'이며 새를 원주민어로 '케찰'이라고 하는데 이 새 모양 배지를 달고 다니면 돈이 훨훨 날아 들어온다는 과테말라의 관습이 있다.

3) 브라질

브라질은 세계 최대의 커피 생산국으로 150년 넘게 이 자리를 지켜왔다. 브라질에 커피가 전래된 사연에는 멋진 스토리가 있고 브라질 국민도 사실보다는 이 이야기를 더 좋아한다고 한다. 1727년 프란시스코 멜로 팔헤타는 프랑스령 기아나에 와서 외교적 활동을 하면서 총독 부인에게 접근하여 신뢰를 얻어 귀국 시 꽃다발 속에 커피나무를 가지고 온다. 그 커피나무를 브라질 북부 파라주에 심었다는 일화이다. 브라질에서는 커피를 손으로 수확하는 곳은 드물고, 특히 세라도 지역 등 대농장은 수확량이 많아 대형 기계로 수확한다.

▲ 부산에서 챔피언의 시연

2008년 1월부터 브라질에서는 초등학교 학생들에게 커피를 급식으로 준다고 한다. 정말로 커피의 나라이다. 한국인 2세 엄보람이 브라질 대표로 참가하여 2023년 월드바리스타 챔피언이 되어 2024년에 부산 벡스코를 2번 방문하였다. 인상이 너무 부드러웠다.

4) 인도네시아

(1) 커피 루왁(Kopi luwak)

인도네시아어로 사향고양이란 뜻이며 '시벳커피(Civet cat coffee), 고양이 커피(Cat coffee)'라고도 부른다. 이 커피는 인도네시아의 자바섬, 수마트라섬 일대에서 서식하는 사향고양이가 과육이 풍부한 잘 익은 커피 체리 열매를 먹은 후 과육은 소화시키고 파치먼트는 사향고양이 소화기관을 거쳐 뱃속에서 적당한 습도와 온도로 효소 발효 숙성되어 루왁 특유의 맛과 향이 자연스럽게 흡수된 자연적인 디카페인 커피로 탄생된다. 배설물에서 채취한 커피로는 루왁 커피 이외에 태국의 코끼리 배설물에서 탄생한 '블랙 아이보리 커피(Black Ivory Coffee)', 베트남의 사향족제비 배설물에서 탄생한 '위즐커피(Weasel Coffee)'가 있다.

- 세계 5대 커피 중 하나인 루왁 커피의 선택

2015년 많은 사람들은 커피시장이 포화상태라 성장이 꺾일 거란 전망을 내놨지만 애플빈 사장은 아직 더 큰 시장이 열릴 거란 확신이 있었기에 다른 커피시장을 찾아 접목시켜야만 했다.

그 대안이 바로 고급 커피시장인 스페셜티 커피의 성장성에 주목하게 된 것이다.

우연히 서울 카페쇼에서 알게 된 유황커피를 맛본 순간 목 안에서 강렬한 힘이 입 밖으로 밀어주던 그 첫 느낌을 도저히 잊을 수가 없었기에 커피 일을 본격적으로 시작하면서 인도네시아로 향했다.

인도네시아 자바섬의 동부 이젠산(Kawah Ijen Volcano, 해발 2,799미터)은 일 년 내내 커피가 자라는 동안 천혜의 자연환경을 유지해 주는 순도 99%의 유황광산을 보유한 활화산이다. 해발 1,500미터 이상에서 유황비가 내린다. 유황의 열기와 물이 일 년

동안 끊임없이 펼쳐지는 곳에서 자란 이젠 아라비카 블렌랑. 그리고 이 커피 체리로 방사 사육장에서 루왁 커피를 생산하고 있다는 사실을 처음 알게 되었다.

왜 하필 루왁 커피였을까? 일반 스페셜티 커피는 모든 수입 업체가 유통하고 있으며, 누구나 대가를 지불하면 쉽게 구할 수 있는 원두지만 루왁은 생산의 특수성과 높은 가격, 희소성으로 인한 진품 여부, 거기에다 방송에서 문제가 되었던 동물 학대라는 문제점으로 메이저 원두 수입업체는 이미지 타격을 염려해서 진입하지 못하는 제품군으로 분류되었다.

그렇다면 문제가 발생한 이 세 가지만 정확하게 밝혀진다면 역으로 성공할 수밖에 없는 커피임에는 분명했다. 루왁 전문가 겸 수입업체 사장님과 현지 유통업체 직원과 함께 생산부터 유통에 관한 모든 상황을 조사하고 촬영하면서 믿음과 신뢰가 쌓이기 시작했고 마지막 방문지인 인도네시아 국영커피연구소는 수입업체의 원두가 진품임을 한 번 더 확인시켜 주었다. 그곳에는 세상에서 처음 보는 귀한 커피가 많았고 샘플로 구입해 갈 수 있는 특권도 누렸다.

루왁 커피를 많은 사람들이 알게 된 계기는 영화 "버킷 리스트(2007)" 주인공인 '잭 니콜슨'이 죽기 전에 마시고 싶은 음료로 루왁 커피를 꼽았기 때문일 것이다.

▲ 인도네시아 국영 커피연구소 입구

애플빈의 루왁 커피는 국내 최초 인도네시아 국영연구소 인증서를 획득했으며, 스타벅스 '하워드 슐츠' 회장이 가장 좋아한다는 자바섬, 반유앙은 이젠산 지역에서 생산된 세계 최고의 유황성분을 함유한 프리미엄 웰빙 아라비카 루왁 커피로 자연이 인간에게 선물한 최고의 원두커피를 좋아하는 분뿐만 아니라 커피를 잘 몰라도 죽기 전에 꼭 마셔봐야 하는 음료로 꼽혔다는 이유만으로도 루왁 커피는 한번 시도해 볼 만한 커피계의 보약이라 할 수 있다.

▲ 애플빈 사진 제공

만델링 커피는 인도네시아가 자랑하는 커피로, 수마트라섬 북쪽의 부족 이름에서 따온 커피 이름이다. 2차 세계대전 중 인도네시아에 주둔했던 일본 군인이 전쟁 후 커피 맛을 잊지 못하고 다시 찾아와 이 커피를 세계에 알렸다는 일화도 있다.

토라자 커피는 인도네시아 서쪽의 술라웨시섬에 위치한 토라자 마을에서 생산되는 커피로, 이 지역은 하늘 정착촌으로도 알려진 약 1,400m 이상의 높은 해발고도를 자랑한다. 토라자 지역에서 생산된 커피는 특유의 다양한 맛과 향으로 유명하며, 이로 인해 토라자를 사랑하는 커피 애호가들의 마니아층이 형성된 것으로 보인다. 토라자 원두커피의 맛은 지역적 특징보다는 주로 사용된 건조 방식에 따라 크게 달라진다. 이는 토라자 지역의 커피가 다양한 풍미를 지녔음을 나타낸다. 또한, 이 커피는 상대적으로 남성들에게 선호되는 특징이 있다.

5) 콜롬비아

2019년 전주연 바리스타가 월드바리스타 챔피언십에서 우승할 때 가지고 간 원두가 콜롬비아 커피라고 한다. 콜롬비아 커피 하면 마일드 커피로 유명하고 후안 발데스와 당나귀가 떠오른다. 후안 발데스는 1959년 콜롬비아 커피의 세계화를 위해 FNC(콜롬비아커피생산자협회)가 뉴욕의 광고회사에 의뢰하여 만든 가공의 인물이다. FNC의 조합원은 54만 명에 달한다고 한다.

6) 이탈리아

교황 클레멘트 8세가, 고위 성직자들이 이교도의 음료라는 커피 마시기를 금지해 달라는 요청을 받고 마셔본 결과 맛에 매료되어 커피에 세례를 했다는 이야기가 있다. 이 이야기는 조금 시간이 엇나가고 있다. 커피가 유럽 땅을 처음 밟은 시기는 1615년 이탈리아 베네치아 항구로 보는데 교황 클레멘트 8세(재위 1592~1605)의 시기와는 맞지 않지만 이 또한 커피와 관련된 에피소드이므로 폭넓게 이해하자.

로마에는 그레코라는 카페가 있는데 그리스인이 운영하니 카페 이름을 이렇게 지었다. 미국 작가 마크 트웨인이 자주 방문하였다고 해서 유명해졌다. 250주년을 맞

이하여 카페를 방문하니 바에서 일하는 바리스타는 대부분 남성들이었다. 안에 들어가 앉아서 커피를 마실 수 있었지만 바에 서서 커피 한 잔을 마셨다. 스페인 광장에서 아이스크림을 먹지는 못했지만 그래도 커피는 마셨다.

베네치아에는 1720년 플로리아노 프란체스코나가 문을 연 카페 플로리안이 산 마르코 광장에서 지금도 영업을 하고 있다. 산 마르코 광장을 나폴레옹은 유럽의 거실이라고 불렀다. 베네치아를 방문하여 플로리안에서 네 명이 마신 커피 가격으로 60유로 이상을 지불하였다. 배경음악으로 호텔 캘리포니아가 들렸다. 여기를 방문한 유명인으로 나폴레옹, 괴테, 루소, 바이런, 바그너, 카사노바 등이 있다.

피렌체에는 카페 질리가 있다. 정말로 스탠딩 커피는 저렴하다. 한국의 커피 가격과 비교해도 저렴하다. 피렌체는 『냉정과 열정 사이』라는 소설과 영화를 통해 한국인에게도 친숙한 도시이다.

▲ 베네치아의 플로리안에서

나폴리에는 정말 본받고 싶은 커피 문화가 있다. 소스페소라는 문화인데 1800년대 후반부터 나폴리에서 시작된 멋진 문화이다. 한 고객이 커피 두 잔의 값을 지불한 후 한 잔은 본인이 마시고 다른 한 잔은 누군가를 위해 기부한다. 뒤에 온 고객은 이 카페 소스페소 덕분에 무료로 커피를 얻을 수 있다. 한국에도 이런 문화를 만들고 싶다.

7) 미국

미국에서 커피는 독립정신을 가졌다고 볼 수 있다. 1773년 12월 보스턴항구에서 영국 차 상자를 버린 것이 미국 독립전쟁의 도화선이 된 것으로 평가받고 있다. 차를 버리고 나니 마시는 음료로 커피를 선택하게 된다. 미국의 커피 역사에서 마크 트웨인(허클베리 핀의 모험, 톰 소여의 모험 등)이 현대 미국 문학의 아버지로 불리면서 코나커피를 높이 평가하기도 하였다.

스타벅스는 1971년 시애틀에서 창업하였다. 피트의 강배전 고품질 커피에 매료된 제리 볼드윈, 고든 바우커, 제브 시글 등 세 명이 시작한 회사이다. 처음에는 자가배전원두를 판매하는 소매 중심의 작은 가게였기 때문이다. 오늘날의 스타벅스는 1982년 하워드 슐츠가 입사하면서 변화를 가져온다.

오클랜드의 블루보틀은 커피 내리는 일은 소비자의 취향에 따라 기계가 아니라 바리스타가 하고, 매장에서는 커피 마시는 일 이외의 일을 하지 못하도록 좌석을 없애든지 최소화를 하였다. 서울의 매장을 방문하여 커피를 마시니 이름값은 못하였다. 블루보틀의 이름은 오스트리아 빈의 콜시츠키의 파란 병 아랫집에서 가져왔다. 블루보틀은 2016년 6월 9일 모카항 커피회사의 커피를 미국 전역의 매장에서 판매하기 시작했다. 블루보틀에서 팔았던 커피 중 가장 비싼 가격은 한 잔에 16달러로, 카르다몸 쿠키까지 곁들여 시키면…

▲ 블루보틀에서

　인텔리젠시아는 1995년 시카고에서 더그 젤과 에밀리 맨지가 설립한 로스팅 회사
이다. 저프 와츠가 바리스타로 합류하면서 커피계의 혁명이 시작되었다. 와츠가
2000년부터 커피 생산지를 찾아다닌 수고가 인텔리젠시아의 성공을 열어주는 출발
점이라 평가하고 있다. 2024년 서울에 진출하였다.

▲ 서울의 인텔리젠시아

밥 딜런은 1975년 34세 생일에 프랑스 집시 모임에 참가하면서 One More Cup of Coffee 를 작곡했다고 한다.

8) 프랑스

　프랑스에서 커피 이야기를 하면 해군 대위 가브리엘 드 클리외를 뺄 수 없다. 암스테르담 시장이 루이 14세에게 보낸 커피나무가 왕실식물원의 온실 속에서 자라고 있었다. 1723년 드 클리외는 커피나무를 가지고 낭트항을 출항하여 마르티니크섬으로 향하였다. 도중에 여러 우여곡절을 극복하여 마르티니크섬에 도착하였다. 이때 가져온 커피나무가 아라비카 품종이라 자가수분이 가능하여 오늘날 중미, 남미에서 모든 커피나무의 조상이 되었다. 드 클리외는 과달루페 총독을 거쳐 파리에서 84살로 생을 마칠 때 프랑스 최고 명예로 인정되는 레지옹도뇌르 명예훈장을 받았다. 마르티니크섬은 우리 영화 '집으로 가는 길'에 등장한다. 전도연 배우가 주인공인데 감독이 커피에 대한 지식이 없어 커피 마시는 장면이 한번도 안 나온다. 너무 아쉽다.

　프랑스 대혁명에서 커피가 큰 역할을 하였다. 혁명이 발생하기 전에는 카페 드 프로크프(1686)에서 몽테스키외를 비롯한 계몽주의자들이 볼테르, 루소 등을 만나 여러 변화적인 이야기를 하였다. 1789년 7월 12일 카미유 데물랭(변호사 출신 언론인)이 카페 푸아에서 연설을 한다. 시민들이여 무기를 들라. 연설에 감동한 손님들은 거리로 나와 행진을 시작하는데 프랑스 대혁명의 시작이다. 이때 베토벤은 19세, 나폴레옹 보나파르트는 스무 살이었다.

　프랑스 대혁명 후 1793년 루이 16세가 단두대에서 처형되고 1799년 나폴레옹이 실권을 장악한다. 나폴레옹은 커피와 인연이 깊다. 젊은 시절 커피값 지불할 능력이 안 될 때는 커피값 대신 그 유명한 모자를 저당잡혔다는 이야기도 있다. 그의 부인 조세핀은 마르티니크섬 커피농장 주의 딸이었다. 그는 군대에 커피를 군수품으로 최초로 지정하였다. 1815년 나폴레옹이 세인트 헬레나섬에서 숨을 거두자 헬레나섬 커피가 인기를 끌게 되었다.

　마리 앙투아네트는 17세의 나이로 프랑스 루이 16세에게 시집 와서 오스트리아 피처빵을 설명하여 모양이 같은 르 크로와상이라는 빵을 만들게 하여 오늘날 즐기게 되었다. 크로와상에는 오스트리아의 피처라는 빵에 버터와 이스트를 첨가하여 프랑스어로 초승달을 뜻한다는 이야기도 전해지고 있다.

▲ 파리 개선문 부근에서

9) 오스트리아

커피 이야기를 하면 오스트리아에는 많은 비밀이 있다. 블루보틀 사명의 원류가 되는 게오르그 콜시츠키의 파란 병 아래 집(1683년 제2차 빈 포위전)과 빈의 가장 유명한 커피메뉴인 비엔나커피가 있다. 제2차 빈 전쟁 때 콜시츠키의 활약으로 2개월에 걸친 포위전쟁에서 오스트리아군이 승리하였고 승리 전리품 중에 검은색의 곡물을 콜시츠키가 받게 되었다. 그 원두를 사용하여 파란 병 아래 집 카페를 운영하게 되었다.

비엔나커피라는 이름으로 우리나라에는 1970년대에 들어왔는데 조금 고급스러운 느낌이었다. 그러나 역설적으로 빈에 가면 비엔나커피가 없고 카페 아인슈페너가 있다.

아인슈페너는 옛날 빈에서 마차를 끄는 마부들이 추운 겨울에 손님을 기다리며 마차 위에 앉아서 마시던 음료이다. 일반적인 손님보다는 음악회나 귀족들의 모임이 있는 날 마부들이 기다리면서 아인슈페너를 마셨다는 게 일반적인 상황일 것이다. 내용물은 커피와 설탕, 그리고 생크림으로 구성되어 있다.

▲ 카페 데멜에서

10) 독일

베토벤은 매일 아침 자신이 마실 커피 내리는 것을 첫 일과로 삼았다. 그는 커피 원두 60알을 정확하게 세고 그라인더로 직접 갈아 커피를 마셨다고 한다. 60알의 무게를 재보니 7g으로 연한 커피를 즐긴 것으로 본다. 나폴레옹을 존경하여 교향곡을 만드나 그가 황제가 되고 오스트리아를 지배하니 베토벤은 그 제목을 바꾸는데 이것이 우리가 아는 교향곡 제3번 영웅이다. 두 사람 모두 커피와는 깊은 관계가 있다.

커피 칸타타는 바흐(1685~1750)가 1732년에서 1735년 사이에 작곡하여 1730년대에 처음으로 연주를 하였다. 이 칸타타는 커피의 문화사를 잘 드러내고 있는데 등장인물인 일반 시민이 주인공이었다. 한국에는 칸타타라는 캔 커피도 있다.

작센에서 발명된 멜리타의 커피 필터가 유명하다. 커피 확산에 혁명적인 계기를 만들었고 아직도 팔리고 있다. 핸드 드립으로 내릴 때는 획기적인 제품이다. 작은 도시 엠메리히에는 로스팅 기계로 유명한 프로밧 공장이 있다.

▲ 하이델베르크에서

11) 일본

커피가 일본에 들어온 것은 1700년경으로 네덜란드를 통하여 나가사키에 전해졌다고 한다. 오타 난포는 커피를 마시고 커피 감상을 기록으로 남겼다. 일본과 브라질의 초기 제휴는 커피산업 발전의 핵심이었다. 브라질의 커피농장은 1888년 노예제도 폐지로 노동자가 필요하게 되었고 일본은 20세기 초 인구과잉이 문제가 되어 브라질에 이민을 보내게 되었는데 수십 년 동안 24만여 명의 일본인이 이주하게 되었다. 그 결과 브라질은 일본계가 가장 많이 사는 나라가 되었다. 김일과 레슬링을 하면 늘 한국인에게 공분의 대상이 되곤 했던 안토니오 이노끼도 일본계 브라질인이었다. 김일이 일본에서 활동할 때는 룸메이트고 김일의 은퇴식을 일본에서 해준 이도 이노끼였다. 후쿠오카에서 가장 오래된 브라질레이로(1934)라는 카페도 상파울루의 지원으로 오픈하는 인연이 있다.

커피페스티벌은 여름에는 규슈아시아커피페스티벌이, 가을에는 후쿠오카 커피페스티벌이 개최되고 있다.

▲ 코히비미 2층에서

후쿠오카에서 탐낼 만한 카페로 먼저 '코히(커피)비미'를 소개할 수 있다. 오호리 공원에 있는 작은 2층 건물이다. 너무 작아 자동차 한 대를 두면 딱 맞는 폭이다. 2층에서 핸드 드립을 마실 수 있다. 모리미츠 씨는 2016년 한국에서 커피 강의를 하고 귀국길에 인천공항에서 갑자기 죽음을 맞이하였다. 지금은 아내와 딸이 교대로 커피를 내리고 있다. 내가 방문했을 때는 딸이 핸드 드립으로 커피를 내려주었다. 아버님의 한국어 커피 책을 이야기하니 무척 기뻐하며 사진을 찍어 가져갔다.

허니커피(1996년 오픈)는 후쿠오카에서 스페셜티 커피로 유명하지만 특히, 2014년 월드 바리스타 챔피언인 이자키 이데노리의 아버님이 경영하는 것으로 유명하다. 텐진에 있는 미츠코시 백화점 지하 1층에서 테이크아웃만 할 수 있다. 물론 원두 구매는 가능하다.

▲ 미츠코시 백화점 허니에서

여기에서 180엔으로 캠페인 한 커피가 맛이 있어 다음해에 갔더니 캠페인은 끝나고 시음 후 맛이 있어 온두라스 라 콜메나 커피를 주문하니 테이크아웃 비용이 2,000엔으로 1년 만에 10배 비싼 커피를 마시게 되었다. 로스팅 공장도 토, 일요일은 오픈하여 커피를 마실 수 있다. 방문하고 싶다면 하카타역에서 버스를 타고 가면 멀지 않다.

　허니커피의 대표이신 이자키 씨가 공장을 방문한 부산여자대학교 바리스타과 학생들에게 카페 운영에 대하여 간단하게 이야기한 적이 있다. 바리스타를 할 때 가장 중요한 것은 커핑실력이라고 하였다. 그리고 카페를 운영할 때 맛있는 커피를 제공한다고 사업이 잘되는 것은 아니지만 맛없는 커피를 제공하면 손님은 반드시 안 온다고 하였다.

　다자이후에는 텐만궁이 있어 입시생과 관련된 방문객이 무척 많다. 목적은 하나로 합격을 기원하기 위해서이다. 다자이후역에서 바로 텐만궁으로 가지 않고 왼쪽으로 돌아가면 란관이라는 카페가 있다. 이곳에는 텐만궁과 어울리는 합격커피가 있다. 가격은 990엔으로 강배전 커피이다. 맛은 버티고 마실 만한 수준이다. 가게 어머니에게 질문하니 강배전의 이유가 그래야만 안 자고 공부할 수 있다는 것이다. 과연 합격을 기대할 만한 커피였다.

▲ 합격커피를 마시고 나서

유후인에는 캬라반이라는 카페가 있다. 호수까지 가야 찾을 수 있는데 바리스타가 30여 년간 카페 일에 종사하였다. 가장 싫은 손님은 한꺼번에 와서 주문하고 한꺼번에 가는 손님이라고 한다. 우리도 매너를 지켜 바리스타의 입장을 이해하면서 커피를 마셔야겠다.

▲ 유후인의 캬라반에서

일본 커피자격증을 주는 구마모토에 와타루라는 학원이 있다. 원두도 팔고 커피 생산국을 방문하는 열정적인 커피맨을 만날 수 있다. 구마모토가 자랑하는 커피회랑은 120년 된 건물에서 카페를 운영하고 있다. 카페는 여타 일본 카페의 분위기와 달리 한국 스페셜티 커피 카페와 비슷하다. 특히 재미있는 장면은 생두를 로스팅해 주는 데 보통 20분이 걸린다는 것이다. 한국에서 여러 경로를 통하여 블루마운틴 커피를 마셨는데 원두 180g에 75,000원을 지불하였다. 맛이 크게 뛰어나지 않아 실망

하면서 마셨다. 양산에 있는 헤이븐이라는 카페에서 블루마운틴을 마셔보고 인식을 달리하게 되었다. 4,000엔으로 200g을 구입하여 친구들과 마셨다. 가성비가 있어 다음에도 구매하기로 했다.

▲ 구마모토 커피회랑에서

교토에는 로쿠요우샤라는 카페가 있다. 3대째 하는 카페인데 3대째에 드디어 자가 건물에서 카페를 하게 되었다. 프랑수아는 냉전이 끝난 후 역사적으로 새롭게 부각되고 2022년 일본 상업건물 최초로 유형문화재로 등록되었다.

동경에는 카페 드 람부르, 커피 마메야, 차테이 하토우, 스트리머 커피 컴퍼니, 오니버스 커피, 라이트 업 커피, 블루보틀 커피 등이 유명하다. 긴자에는 카페 파울리스타(1911년 건립, 1970년 재건)가 있다. 카페는 브라질어로 커피, 파울리스타는 상파울루 사람이라는 뜻이다. 비틀즈의 존 레논 부부가 방문했다는 이야기도 있다.

TIP 1. 3대 커피

자메이카의 블루마운틴 커피는 1964년 일본과의 수교를 통하여 커피 영광을 재현한다. 일본은 1969년 자금난에 처한 자메이카 정부에 외환을 지원하고 그 대가로 블루마운틴 커피를 인수했다. 최고봉 블루마운틴 주변 지역에서 나는 커피들만 블루마운틴 커피라는 이름을 붙일 수 있게 하였다. 1981년 UCC 회장 上島와 川島가 로스앤젤레스에서 만나 블루마운틴 농장 개척에 대해 의논을 한다. 농원을 완성하는 데 10년이라는 세월이 걸리지만 회장은 기다리기로 한다.

하와이 코나는 하와이의 커피산지 중 하나로, 선진국에서 생산되는 유일한 커피라고도 할 수 있다. 대부분 농장 규모가 작아 핸드피킹 방식으로 수확을 한다. 품종은 주로 티피카이며 고급스러운 산미와 향을 가진 것이 큰 특징이다. 하와이 빅아일랜드 코나 Holualoa 커피농장 묘지에서 1922년에 사망한 한국인의 묘를 발견했다. 일당 0.7 달러 내외를 받는 상황 속에서도 안중근 의사 구제비용을 모금하기도 하였지만…

예멘의 모카 마타리는 예멘의 주요 산지 중 하나인 사나에서 생산되는 마타리 품종의 커피이다. 마타리라는 이름은 사나 인근의 바니 마타르라는 지명에서 유래되었다고 한다. 사나는 예멘에서 가장 큰 커피산지이고, 해발 1,500~2,000m의 고지대에서 커피를 생산한다. 산미와 바디, 애프터 테이스트가 뛰어나다.

TIP 2. 스페셜티 커피

에누라 쿠네션이 1978년 프랑스에서 개최된 세계커피회의에서 처음으로 스페셜티 커피를 이야기하였다. 그 내용은 지리적으로 각각 다른 지역의 다른 기후는 각각의 특별한 맛, 향을 가진 커피를 창조한다는 것이다. 떼루아라는 용어를 사용하기도 한다. 사전에 내세운 전제조건으로 좋은 상태에서 원두의 선별작업이 행해져야 하며, 신선하게 볶고 그것을 올바르게 추출해야 한다. 그리고 이것 마시는 분위기를 자아내기 위한 주변 환경을 만드는 게 필요하다고 하였다.

커피와 건강

커피를 마시면 건강에 좋다는 게 몇 가지 있다. 물론 많이 섭취하면 몸에 좋지 않은 부분도 있지만 일반적 이야기로는 다음과 같은 좋은 점이 있다. 커피에는 고지혈증 예방효과(니코틴산), 간암과 만성 간염, 파킨슨병, 고혈압, 당뇨병, 내장 지방 증후군(메타볼릭 신드롬), 위암 등을 예방하는 효과가 있고, 혈압 강화, 계산력 향상, 다이어트, 음주 후 숙취 방지와 해소, 입냄새 예방효과도 있다고 한다. 또한 우울증과 자살률을 떨어뜨리는 효과도 있다고 한다. 부정적 효과는 많이 섭취하면 카페인으로 인하여 숙면을 취할 수도 없고, 카페니즘(불안, 초조, 불면, 두통, 설사)의 현상이 나타나기도 한다. 이뇨작용으로 인한 탈수현상, 위궤양이 있으며 심장이 예민한 사람은 부정맥이 생길 수도 있다.

TIP 3. 제4의 물결

커피의 흐름을 앨빈 토플러의 『제3의 물결』에 비추어 티머시 캐슬과 트리시 로드갭이 커피의 역사를 제1의 물결, 제2의 물결, 제3의 물결로 나누어 설명하였다. 제1의 물결의 특징은 인스턴트 커피가 대세를 이룬다고 볼 수 있다. 1938년 네스카페가 촉발한 인스턴트 커피는 미국의 맥스웰하우스가 경쟁 제품을 출시하면서 열풍을 몰고 왔다. 제2의 물결의 특징은 미국에서 등장한 스타벅스를 들 수 있다. 스타벅스에 의해 시작된 제2의 물결은 커피를 하나의 음료에서 향유하는 문화로 만들었다. 이전에 비해 더 높은 수준의 커피 원두, 더 맛있는 커피의 향과 맛을 즐기는 커피 소비자들이 제2의 물결의 주인공이라 할 수 있다. 제3의 물결의 특징은 스타벅스가 주도한 표준화된 커피문화를 넘어서는 다양성의 인정에 있다. 최고급 커피를 제대로 만들고 소비하고 즐기고 감상하고자 하는 소비자와 생산자가 함께 이끄는 새로운 문화라는 것이다. 월드바리스타 챔피언십, COE(Cup Of Excellence) 등이 이 시대의 특징이라 할 수 있다. 한국의 테라로사에 많은 영감을 준 인텔리젠시아는 2024년 서울에 진출하였다. 제4의 물결은 본인이 지칭한 것으로 커피는 앞으로 문화와 같이 가야 한다는 뜻으로 지었다. 문화 속에는 음악, 그림, 소설, 사진 등 여러 예술의 장르가 들어간다고 본다.

12) 한국

(1) 한국의 커피문화

한국에서 최초로 커피를 마신 사람은 고종이라고 하는데 이것은 잘못 알려진 이야기이다. 현존하는 기록에 의하면 1884년 부산에서 민건호라는 사람이 마셨다는 기록이 최초이다.

서울에는 학림다방(1956)이 있다. 서울대학교 문리대 제25강의실로 불리기도 하였다. 다방명의 유래는 문리대 축제명인 학림제에서 왔다고 한다. 안에 들어가면 백기완 선생의 사진이 있어 필자의 젊은 시절을 생각하게 해서 무척 기쁘다. 커피는 변함없이 맛이 없다. 소문이 나 있지만 주인이 바꾸려고 하지 않는다. 필자는 이곳에 갑석이와 가보았고 아내와도 같이 가보았다.

▲ 입구 정면에 있는 백기완 선생 사진

　'나무사이로'라는 카페는 스페셜티 커피인 서울에서 소개한 "향기롭고 아름다운 커피의 향연"이라는 글을 읽고 방문하였다. 신뢰받는 소규모 배전매장으로 소문난 것으로 알려졌다. 아름다운 한옥매장이라 찾기 쉬울 줄 알았는데 지방 사람은 조금 찾기 어려웠다. 미아리 쪽에서 필자 친구가 비미남경을 운영하고 있다.

　춘천에는 에티오피아 벳이 있다. 학생들과 대전의 카페 1곳, 강릉의 카페 2곳, 그리고 에티오피아 벳을 2박 3일 동안 견학한 적이 있다. 학생들에게 인기 있었던 곳은 에티오피아 벳이었다. 이유는 사장님이 친절해서였다. 단순하다. 손님에게 잘 하면 인기가 있다.… 부산의 전포카페축제에 참가하니 견학하면 커피를 맛볼 수 있었다. 에티오피아 벳은 대한민국 최초의 로스터리 전문점이라고 할 수 있다. 창업연도가 1968년이다. 에티오피아와 관계가 깊어 에티오피아 황제의 상징인 황금사자문양을 사용하고 있다.

▲ 에티오피아 벳에서

한국 핸드 드립커피 1세대를 편하게 이야기할 때 1서 3박(서정달, 박원준, 박상홍, 박이추)이라는 이야기를 많이 한다. 박상홍의 커피 영향을 받은 카페로 포항 아라비카, 경주 슈만과 클라라, 부산(옛날에는 울산) 빈스톡 등을 들 수 있다. 강릉 보헤미안은 한국 커피 1세대인 박이추 선생이 운영하고 있다. 카페 위치가 찾아가기 편한 곳은 아니지만 커피를 사랑하는 전국의 커피 관련자가 방문하여 커피를 마시는 곳이다.

▲ 강릉의 보헤미안에서

남양주에 있는 왈츠와 닥터만은 블루마운틴 커피를 마실 수 있는 곳이다. 남양주의 면적이 넓어 서쪽에서 동쪽으로 택시를 타고 5만 원을 지급하면 카페에 도착할 수 있다. 카페에서는 박물관(입장료 만 원)을 견학한 뒤 커피를 주문하였는데, 블루마운틴 2잔과 비엔나커피 2잔에 7만 원을 지급하였다. 돌아오는 길은 택시가 없어 양평에서 오는 택시를 부탁하여 택시비로 7만 7천 원을 준 적이 있다. 블루마운틴 한 잔(20만 원)을 마시러…

▲ 남양주 월츠와 닥터만에서

　경주에는 슈만과 클라라가 있고, 포항에는 아라비카가 있고 전주에는 삼영다방이 있고, 김해에는 커피고코로, 울산에는 발레나식스, 청도에는 꽃자리, 대전에는 허밍, 김포에는 포지티브 스페이스566, 진주에는 로스팅웨어 등이 지역의 카페로 활약하고 있다.

(2) 부산의 커피문화

① 부산커피

　부산의 커피 이야기를 하자면 민건호라는 인물이 먼저 등장한다. 그는 부산에서 생활하면서 일기에 커피 마셨다는 것을 기록(1884)한다. 이 기록이 한국인이 커피를 최초로 마셨다는 최초의 기록이다(부산학당, 이성훈).

　김동리의 단편소설인 『밀다원 시대』(1955)는 1950년 피난 시절 부산의 카페(다방)에서 벌어진 일들이 주 내용이다. 밀다원 시대에 실재인물인 이봉구를 이중구로, 조연현을 조현식으로 김말봉을 길여사로, 정운삼을 박운삼으로 등장시킨다. 밀다원의 위치는 광복동 옛 미화당백화점에서 옛 부산시청으로 가는 길로 오른쪽 길가 2층에 있다. 밀다원은 부산 임시수도기념관에 모형이 있지만 인테리어(20개나 됨직한 테이블)가 고증을 받지 않고 그냥 만들어져 있다. 전혁림 화백이 밀다원에서 회화전을 하고 찍은 사진이 있으니 그것을 참고하면 좋을 것이다. 또한 소로 유명한 이중섭 화가도 밀다원을 찾았다. 사실 이중섭 화가가 제주도보다 부산 체재기간이 길어 부산 관련 작품이 많을 거라는 추정을 하지만 작품은 부산역 화재로 소실되었다고도 한다. 현재 영도에서 스타벅스(1971)보다 역사가 3년이나 빠른 1968년부터 영업하는 양다방도 있다.

　전주연, 추경하, 주상민, 문헌관 이 이름을 아시는 분은 커피에 관심 또는 바리스타에 큰 관심을 가졌다고 볼 수 있다. 바리스타를 간단하게 정의하면 이탈리아어로 바에서 커피 만드는 사람이다. 조금 더 폭을 넓히면 커피와 관련된 원두의 선택, 로스팅, 커핑 등 여러 역할을 하는 사람을 바리스타라고 볼 수 있다.

　블랙업커피, 먼스커피, 모모스커피, 브에너스커피, 마비스커피, 카페데니스, 어나더미네스, 필렉스 등을 아는 분은 부산에서 스페셜티 커피를 잘 아는 것으로 이해해도 무방하다. 1974년 에르나 크누첸이 처음 사용한 용어로, 미국 스페셜티 커피협회는 규정된 커피의 맛과 평가도표에 따라 80점 이상의 높은 점수를 받은 커피를 스페셜티 커피라고 정의한다.

　커피 수입의 90% 이상을 부산신항이 담당하고 있고, 부산에서 시작한 커피 프랜차이즈로는 컴포즈커피, 더 벤티, 텐퍼센트 커피, 카페051, 하이오커피, 댄싱컵 등이 있다. 영도에만 200여 개의 카페가 있고 부산 전체로는 5,000여 개의 카페가 영업을 하고 있다. 이러한 영향 아래 부산에서는 커피와 관련된 다양한 성과물이 등장하고 있다고 볼 수 있다.

　부산을 방문하는 관광객들은 어묵, 돼지국밥, 밀면 등을 먹고 카페를 방문하는 것

이 하나의 트렌드가 되었다. 관광객들이 가장 많이 방문하는 카페로는 모모스커피, 웨이브온, 피아크 등을 들 수 있다. 부산 시민은 자부심을 가지고 커피 한잔을 할 수 있다. 커피의 수도 부산이라는 이름으로.

② 화이트 타이거

김동리 소설가의 형 김범부는 영남에서 유명한 철학자로 1950년 5월 선거로 국회 의원이 된다. 김범부와 같이 국회의원이 된 집안에 그전 달인 4월에 아이가 태어나 는데 김범부가 White Tiger라는 작명을 하게 된다.

White Tiger는 여러 사정으로 부산을 떠나 생활하면서 부산을 항상 그리워한다. 그 마음을 안 부산의 커피 관계자들이 White Tiger와 관련된 커피문화를 만들기 위 한 시도를 한다. 드디어 2023년부터 White Tiger라 는 이름으로 카페메뉴를 만들었고 디자인도 매년 만들고 있다. 특히, 2024년부터는 바리스타 경진대 회의 라떼아트 부분에 White Tiger 만드는 내용을 포함시키고 있다. 2024년 9월 벡스코에서 고등학생 을 대상으로 White Tiger를 라떼아트 종목으로 하여 대회를 한다. White Tiger를 마실 때는 배경음악으 로 '1950 대평동'이 최고이다. 눈물이 난다. 그래도 부 산을 사랑한다.

▲ 2024 White Tiger

③ 부산 7대 카페

- 지밀레니얼

지밀레니얼은 부산에서 단위 면적당 외국인이 가장 많은 곳이라 할 수 있다. 부산 을 방문하는 방탄소년단의 팬이라고 하면 꼭 지밀레니얼을 방문하여 커피를 마신 다. 벌써 몇 년 전부터 그런 징조가 있었지만 코로나가 끝난 지금은 더욱더 성황리 에 이루어지고 있다. 현존하는 기록으로 1884년 민건호가 한국인으로서 부산에서 처음 커피를 마실 때, 이렇게 많은 외국인이 부산을 찾아 커피를 마시리라는 것은

상상도 할 수 없었을 것이다.

특히 10월에는 더 많은 외국인이 지밀레니얼에 와서 커피를 마신다. 필자도 그 외국인들 사이에서 카페라떼를 마셔본다. 다행히 일본어를 알아 일본의 군마, 홋카이도에서 온 팬들과 이야기를 조금 나누어본다. 한국 방문이 처음인데 부산에 와서 커피를 마신다고 한다.

지밀레니얼은 넓은 주차장을 가지고 있고 지붕 위에는 어린 왕자(실은 누구를 닮았지만)가 있고 안에는 빌보드 차트 1위를 한 기념화분이 있다. 벽에는 여러 미술작품이 있는데 큼직한 인물화도 있어 방탄소년단 팬들의 시선을 사로잡고 있다. 커피는 여러 종류를 팔고 있고 디저트로 빵도 팔고 있다. 특히, 팬들에게는 굿즈가 인기가 높았다. 그중에서도 보라색 티셔츠, 흰색 머그컵이 인기가 있었다.

▲ 지밀레니얼에서

• 모모스

2019년 월드바리스타 챔피언과 2020년 월드 컵테이스터 챔피언이 활동하는 카페이다. 지하철 1호선 온천장역에 내려서 앞쪽 큰 도로가 아니라 뒤쪽 작은 도로로 나오면 모모스커피가 나온다. 모모스커피 앞에는 공용주차장이 있어 다른 도시에서 오는 손님들을 맞이하고 있다. 이렇게 공용주차장을 끼고 영업하는 카페는 울산의 블랙업 커피 옥동지점도 같은 상황이다.

모모스커피 온천점은 입구에 들어서면 예스러움이 물씬 풍기고 커피의 맛은 부산의 대표선수답게 깔끔하고 맛이 있다. 내부는 아늑하고 2층에는 다양한 스타일의 의자들이 있어 손님들에게 편안함을 주고 있다. 영도점을 오픈하였지만 필자는 온천점이 훨씬 좋다.

▲ 모모스 온천점에서

와요커핑은 커피를 사랑하는 대중들을 위하여 모모스가 계속해 온 이벤트이다. 예전에는 온천점에서 하였지만 지금은 영도점에서 하고 있다. 커피를 잘 모르는 사람도 참가가 가능하며 잘하면 선물도 받을 수 있다. 참가하기 가장 좋은 시기는 12월이다. 12월 마지막 와요커핑에는 모모스가 가지고 있는 최고의 커피로 커핑을 하고 있다. 필자도 2022년 마지막 와요커핑에 참가하여 게이샤커피를 여러 종류 맛볼 수 있었다. 비교적 저렴하게 게이샤커피를 마실 수 있는 날이 있다. 영업비밀이라고 하는데 우리는 알아낼 수 있다. 가자 커피 마시러.

- 양다방

영도다리는 부산의 상징이다. 롯데백화점에서 영도로 영도다리를 건너면 오른쪽에 깡깡이 마을이 있고 그곳에는 스타벅스(1971)보다 오래된 양다방(1968)이 있다. 건물 전경사진만 봐도 옛날이지만 내부도 무척 오래된 느낌을 준다. 그곳의 시그니처 메뉴는 쌍화차이다. 쌍화차는 전국 1위라고 여주인이 자랑을 한다. 방송에도 많이 나가고 전국에서 손님들이 오고 있다.

▲ 영도 양다방에서

• 부산역 앞의 100년 건물(등록문화재 제647호로 지정): 브라운 핸즈

부산에서 100년 된 건물을 찾기가 쉽지 않다. 그런데 부산의 중심 부산역에서 20m
도 안 간 곳에 100년 된 건물이 있고 그곳의 1층에서 카페 영업을 하고 있다. 대학교
친구들과 그곳에서 커피를 마셔본다. 친구들은 커피 맛보다 건물의 스토리에 더욱
흥미를 느낀다. 건물의 쓰임새가 병원에서 중국음식점, 결혼식장 그리고 해방 전후
의 일본군과의 총격전 등 여러 비밀들이 숨어 있다. 필자는 그 비밀과 함께 커피를
마신다. 100년 전에 필자는 무엇을 했을까? … 답하기 어렵다.

▲ 부산역 앞 브라운 핸즈에서

• 비치빈

부산여자대학교 설송관 1층에는 비치빈이라는 카페가 있다. 바리스타과의 졸업생
이 1년간 창업을 준비하는 과정으로 운영하고 있다. 여기서는 전 세계의 커피를 저

렴하게 마실 수 있다. 특히, 핸드 드립커피는 전 세계에 내놓아도 뒤지지 않는 맛이다. 일전에 뉴욕에서 손님이 와서 커피를 마셔보고는 너무 맛이 좋아서 뉴욕의 유명 빵집을 소개하겠다는 이야기까지 했었다.

학생들의 수업에도 비치빈을 활용하여 학생들이 주문받고 포스기를 사용하고 커피 추출을 해서 서비스를 한다. 보통 실무를 해도 결제하는 경우는 거의 없는데 여기서는 포스기를 통하여 결제도 실제로 하고 있다. 축제 때는 1, 2학년 학생이 모두 참가하여 커피를 판다. 2022년에는 과테말라의 농장주가 방문하여 같이 사진을 찍은 적이 있다. 2023년에는 케냐의 정부 관계자가 10여 명 방문하여 케냐커피를 대접하니 맛있다고 하였다. 사실 케냐의 좋은 커피(케냐AA)를 준비하였다. 그 다음에 벌어진 광경이 커피문화 차이를 나타냈다. 슈거를 달라고 하였다. 스페셜티 커피에 설탕이라니 … 그래도 케냐 손님들에게 설탕을 주어 칭찬은 받았다.

지금 비치빈에서 인기 있는 메뉴 중 하나는 White Tiger이다. 2024년 9월에 국제신문 기자가 사진을 찍어 신문에 게재한 적도 있다.

▲ 부산여자대학 안 비치빈에서

• 먼스커피

　먼스커피는 부산진구 전포동에 있지만 전포카페거리에서는 조금 비켜 있다. 손님들이 꾸준히 와서 스페셜티 커피를 마시고 있다. 카페는 2층 건물이고 단독주택을 개조하여 카페로 운영하고 있다. 1층에 챔피언으로 받은 기념품이 전시되어 있다. 고등학생들을 상대로 바리스타와 관계되는 내용으로 2023년에 벡스코에서 특강을 한 적도 있다. 커피는 마실 만하다. 부디 역사를 가지는 그런 카페가 되기를…

▲ 전포동의 먼스커피에서

• 나담

　지하철 남포역을 나와 은행가를 지나 부산호텔 가기 전 사거리에서 왼쪽으로 방향을 틀어 조금만 가면 오른쪽 골목 안에 있다. 나담 옆에는 1920년에 부산 경찰서가 있었다. 박재혁 열사가 9월 14일 폭탄을 투척한 역사적인 곳이기도 하다. 부산에서 서면이 남포동을 이기지 못하는 것 중에서 이런 분위기의 카페를 가질 수 없다는 것이다. 카페 안의 인테리어보다 카페의 위치가 너무 좋다. 카페는 3층이고 커피와 클래식 음악을 느끼는 곳이다. 후배와 같이 갔다. 후배는 5분도 안 되어 꿈속으로, 부산에서 남구 대연동에 있는 필하모니(이전에는 남포동)와 함께 음악과 커피를 즐기는 곳이다.

▲ 남포동의 나담커피에서

2. 커피의 이모저모

1) 커피축제

- 부산 커피축제

부산에는 커피 관련 축제가 3개 있다. 역사를 자랑하는 전포커피축제, 전국 규모
인 글로벌 영도커피페스티벌, 지하철 부산대역 부근에서 금정구가 개최하는 라라라
페스티벌이다.

2) 커피박물관

부산에는 서면에 부산커피박물관, 부산진역에 국제커피박물관 이렇게 2개의 커피
박물관이 있다. 경기도 양평에는 왈츠와 닥터만이 운영하는 커피박물관, 파주에는
헤이리커피박물관이 있다. 강원도에는 강릉커피박물관, 강릉테라로사커피박물관,
경포에는 커피커퍼커피박물관, 화천군에는 산천어커피박물관이 있다. 제주도에는
제주커피박물관, 블루마운틴커피박물관이 있다. 충청도에는 충주커피박물관이 있다.

3) 커피농장

　함양의 추낙수농장에서는 28년 전부터 커피나무를 재배하고 있다. 학생들이 견학해도 좋을 정도의 규모이다. 통영에는 동백커피식물원이 있다. 고흥에는 고흥커피사관학교, 산티아고 커피농장, 나로커피아일랜드 등이 있다. 화순에는 두베이커피농장, 담양에는 담양커피농장, 음성에는 보그너커피농장이 있다. 완주에는 솔밭농원, 커피체험농원 등이 있다. 가평군에는 하늘커피농장, 하남시에는 미사리커피농원, 광주시에는 팔당커피농장, 경주시에는 케이파머스, 공주시에는 계룡커피농장, 강릉에는 커피커퍼 왕산점 커피농장이 있다.

▲ 추낙수 커피농장에서

4) 커피대회

• 커피챔피언

2019년 전주연 바리스타가 모모스 소속으로 보스턴 월드바리스타 챔피언십에 출전하여 한국인 최초로 우승을 한다. 2021년 추경하 바리스타는 호주 대표로 월드 컵 테이스터스 챔피언십에 출전하여 우승을 한다. 지금은 모모스커피에서 활동하고 있다. 2022년 문헌관 바리스타는 월드 컵테이스터스 챔피언십에 출전하여 우승을 한다. 먼스커피라는 이름으로 전포동에서 매장을 운영하고 있다. 2023년 부산국제관광전 고교생 관광서비스경진대회 바리스타, 컵테이스터스, 라떼아트 분야에 참여한 100여 명의 학생들 앞에서 특강도 하였다.

5) 원두 보관역사

커피 원두 보관 용기의 역사는 커피문화와 밀접한 관련이 있다. 커피가 세계적으로 퍼지기 시작한 15세기부터 사람들은 커피의 신선도를 유지하기 위해 다양한 방법을 사용했다.

커피가 처음 발견되고 소비되기 시작한 곳은 아라비아반도이다. 15세기 오스만 제국에서 커피가 처음으로 인기를 끌면서, 커피 보관방법은 간단했는데, 대개 나무 상자나 천 주머니에 넣어 보관했다. 이 시기의 커피는 소량으로 개인 소비가 많아 특별한 보관방법이 필요하지 않았다.

17세기 중반 커피가 유럽에 소개되면서 점차 커피하우스가 생겨났고, 사람들이 대량으로 커피를 소비하게 되었다. 커피의 맛과 향 등 커피의 신선도를 유지하기 위한 보관방법이 중요해지기 시작한 시기이다. 커피가 유럽에서 인기를 끌면서 유리 용기가 널리 사용되기 시작했다. 유리는 내용물이 보이기 때문에 소비자가 쉽게 확인할 수 있었고, 세척도 용이했다. 하지만 유리의 취약성 때문에 금속 용기로 제작되기 시작하였다.

20세기 중반, 진공 포장기술이 발전하면서 커피 원두의 보관방식이 혁신적으로

변화했다. 진공 포장된 커피 원두는 산소와의 접촉이 최소화되어 신선한 맛과 향을 유지할 수 있게 되었으며, 대량 생산이 가능해지면서 커피산업은 급속히 성장했다.

최근에는 스테인리스 스틸로 만든 보관 용기뿐만 아니라, 세라믹이나 특수코팅된 유리 용기 등 다양한 소재의 커피 용기가 생산되고 있다.

현대에 이르러 최신 보관 용기는 온도 조절 기능이나 UV 차단 기능까지 탑재되어 있다. 스마트 커피 보관 용기도 등장하여, 앱과 연결해 커피 원두의 상태를 모니터링할 수 있는 기술이 개발되고 있다. 현대 소비자들은 단순한 기능을 넘어 디자인과 개인화된 요소를 중요하게 생각한다. 다양한 색상과 스타일의 보관 용기가 상품으로 나와 소비자들의 선택 폭이 넓어졌다. 이렇게 커피 원두 보관 용기는 시대의 변화와 함께 발전해 왔으며, 커피 애호가들에게는 필수적인 아이템이 되었다.

커피를 즐기는 문화는 갈수록 다양해지고 있으며, 커피 마시는 행위 자체는 즐거우면서도 그 즐거움만큼이나 커피 퀄리티에 관심이 많은 고객들은 커피 원두의 신선함을 유지하고 커피향을 보관하여 기호에 맞는 커피를 즐기고 싶어 하므로 원두를 보관·보존하는 밀폐용기의 중요성이 커지고 있다. 커피를 보관하기 위한 밀폐용기는 1940년대부터 사용되어 왔지만 뚜껑을 탈부착하여 밀폐력을 높이는 방식의 커피 보관 용기가 대부분이었다.

최근에는 밀폐성이 떨어지고 뚜껑의 탈부착에 불편함이 있는 밀착형 제품보다는 밀폐성이 우수하고 뚜껑의 탈부착이 용이한 결착형 제품이 많이 개발되어 보급되고 있다.

이러한 밀폐성이 상대적으로 우수한 결착형 제품이라 하더라도 밀폐상태가 지속되지 못하여 커피의 신선도를 유지하면서 오랜 시간 보관하는 데는 여전히 한계가 있다.

현재 시중에서 유통되는 대부분의 밀폐용기는 내용물을 확인할 수 있는 투명재질의 플라스틱부터 유리 소재를 이용한 다양한 제품들이 출시되고 있으며, 최근에는

환경호르몬이 전혀 발생되지 않는 소재를 사용하는 제품들도 출시되고 있다. 커피 원두의 진공밀폐는 보존기간과 향 및 질에 밀접한 관계가 있으며, 용기 내 고진공 형성을 위해서는 흡입펌프, 진공펌프를 포함한 별도의 진공장치를 사용해야 하는 문제점이 있다.

최근에 대한민국 (주)에스락에서 개발한 커피 원두 진공밀폐용기 S-LOCK은 이러한 단점을 극복하기 위해 에어펌프 없이 40도 회전으로 내부 산소를 배출하고 간편하고 강력하게 산소를 차단하면서 커피 원두의 맛과 향을 진공 보관하여 오랫동안 신선함을 유지할 수 있는 제품을 출시하였다. 기존 진공제품의 세척문제와 진공풀림문제를 회전식 진공시스템으로 해결하여 커피 원두를 효과적으로 보관할 수 있는 제품으로 인기를 얻고 있다.

▲ (주)에스락 사진 제공

The Basics of Coffee

8

커피 메뉴
COFFEE MENU

⑧ 커피 메뉴

1. 에스프레소

에스프레소는 카페메뉴에서 기본이 되는 메뉴이다. 최근에 카페에서는 에스프레소를 기반으로 한 다양한 음료들을 제공하고 있는데. 에스프레소만으로도 훌륭한 커피 음료가 될 수 있으며 에스프레소를 즐기는 사람도 많이 늘어나고 있다.

〈만드는 방법〉

포터필터에 그라인딩된 원두를 담는다. 레벨링과 탬핑 단계를 거쳐 머신에 장착하고 추출한다. (그라인더의 세팅, 원두양, 레벨링, 탬핑, 추출, 추출량 등 모든 단계가 커피의 맛을 결정하는 변수들이므로 전반적인 세팅을 어떻게 할지 결정하는 것도 전문 바리스타의 몫이다.)

2. 에스프레소 콘파냐

〈재료〉

에스프레소, 크림

〈만드는 방법〉

에스프레소를 데미타세 잔에 담은 뒤 크레
마 위에 크림을 올려놓는다.

> 이탈리아어로 콘(con)은 '~와 함께', 파냐(panna)는 '크림 혹은 휘핑크림'을 뜻한다.
> 에스프레소에 휘핑크림을 얹은 베리에이션 커피의 일종

3. 아메리카노 & 아이스 아메리카노

〈재료〉

에스프레소, 뜨거운 물 or 얼음물

〈만드는 방법〉

- 아메리카노

  180~200ml 정도의 머그잔에 뜨거운 물을 넣고
  에스프레소를 붓는다.

- 아이스 아메리카노

  300ml 정도의 아이스컵에 얼음을 가득 채우고
  냉수는 90% 정도 채우고 위에 에스프레소를 붓는다.

> 아메리카노는 물과 에스프레소로 만드는 음료로 물과 커피의 조합에 따라 블랙
> 커피, 롱블랙, 아메리카노 등 다양한 이름으로 불리며 기호에 맞게 커피와 물의
> 양과 농도를 조절해서 만들 수 있다.

4. 카페라떼 & 아이스 카페라떼

〈재료〉

에스프레소, 스티밍 우유 or 차가운 우유

〈만드는 방법〉

- 카페라떼

  200ml 정도의 커피잔에 에스프레소를 붓고 스티밍된 우유를 붓는다.

- 아이스 카페라떼

  300ml 정도의 아이스컵에 얼음을 가득 채우고 차가운 우유를 채우고 위에 에스프레소를 붓는다.

> 카페라떼는 우유의 품질, 스티밍된 우유의 품질 및 온도 등 다양한 조건에 따라 맛이 결정되며, 우유와 에스프레소의 비율이나 만드는 방법에 따라 플랫화이트, 카페오레 등으로 불리며 최근에는 밀크음료라 부르기도 한다.

5. 바닐라라떼 & 아이스 바닐라라떼

〈재료〉

에스프레소, 스티밍 우유 or 차가운 우유, 바닐라 시럽

〈만드는 방법〉

- 바닐라라떼

  200ml 정도의 커피잔에 에스프레소와 바닐라 시럽을 섞어 붓고 스티밍된 우유를 붓는다.

- 아이스 바닐라라떼

300ml 정도의 아이스컵에 얼음을 가득 채우고 차가운 우유를 채우고 위에 에스프레소를 붓고 바닐라 시럽을 넣는다.

> 바닐라 시럽은 다양한 회사에서 판매하고 있으며, 각 회사마다 특징이 달라 사용하는 커피와 우유의 조합이 다르므로 꼭 테스트한 후에 선정하기 바란다. 특별한 바닐라 시럽을 원할 시에는 바닐라 빈을 구매하여 설탕과 함께 끓이거나 바닐라 빈을 설탕시럽에 장시간 담가두는 등 다양한 방법으로 시럽을 직접 만들 수 있다.

6. 아인슈페너

〈재료〉

에스프레소, 얼음물, 크림

〈만드는 방법〉

아이스컵에 얼음을 가득 채우고 얼음물을 채우고 위에 에스프레소를 붓고 그 위에 크림을 얹는다.

(우유 위에 크림을 올리기도 한다.)

> 비엔나커피를 오스트리아나 독일 등의 국가에서 아인슈페너라 부른다. 아메리카노같이 비교적 연한 커피 위에 진하고 차가운 크림을 두껍게 쌓아 올린 것이 특징이다. 아메리카노 대신 콜드 브루 커피를 사용하기도 한다.

7. 아이스 민트라떼

〈재료〉

에스프레소, 차가운 우유, 민트시럽

〈만드는 방법〉

- 아이스 민트라떼

  아이스컵에 얼음을 가득 채우고 차가운 우유를
  채우고 위에 에스프레소를 붓고 민트시럽을 넣
  는다. 애플민트 잎을 잔 위에 올려준다.

> 민트의 강도에 따라, 강하게 느끼고 싶으면 실제 민트 잎을 잔 밑에 으깨어 넣으면 향이 강해진다. 기호에 따라 크림을 조금 더 추가하면 더 무거운 질감을 느낄수 있다.

8. 화이트 타이거(2024년 White Tiger)

〈재료/도구〉

에스프레소, 스티밍 우유, 에칭핀, 린넨

〈만드는 방법(라떼아트 참조)〉

- 200ml 정도의 커피잔에 에스프레소를
  추출해서 준비한다.
- 피처에 우유 180ml를 스티밍한다.
- 왼손에 커피잔을 올렸을 때 손잡이는
  내 시선에서 위쪽에 위치하도록 한 후
  대칭이 맞게 중앙부위에 우유를 부어

하트모양을 띄운다.(오른쪽 사진 참조)

- 에칭핀을 사용해서 귀 → 이마(王) → 양쪽 수염
  → 눈 → 코 → 입 순서로 그린다.

> 부산에는 화이트 타이거가 있다. 오스트리아
> 빈에 비엔나커피가 있다고 하면, 배경음악으
> 로 1950 대평동이 최고다.
> 화이트 타이거를 만드는 대회도 있다.

하트 첫 시작지점

The Basics of Coffee

커핑
CUPPING

9 | 커핑

1. 커핑이란 무엇인가

CUPPING. 컵 안에 담긴 음료를 맛보는 행위를 커핑이라 한다.

2. 커핑의 목적

커핑의 목적은 근본적으로는 생두를 감별하는 데 있다. 완성된 음료로서의 커피 맛을 보는 것이 아니고, 원두가 로스팅이 잘 되었는가를 감별하는 것 또한 아니다.

일부 로스터들이 로스팅의 완성도를 판별하기 위해 커핑 기법을 사용하기는 하지만, 커핑의 근본적인 목적은 원두가 아닌 생두를 감별하는 데 있다는 걸 명심하자.

3. 커핑 절차

1) 샘플로스팅

생두를 감별하기 위해서라고는 하지만 생두를 그대로 추출하는 것은 아니다. 모든 생두는 로스팅을 해야 한다. 커핑을 위해서도 역시 로스팅을 해야 한다. 커핑을 위한 로스팅의 볶음도는 미디엄 로스팅 혹은 하이, 시티 같은 용어로 통용되었으나 이는 로스터마다 편차가 너무 커서 하나의 기준으로 삼기 어려운 측면이 있다. SCA에서는 커핑을 위한 샘플로스팅의 색상을 색도계를 통해 분석한 수치로 제시하고 있는데 이는 아래와 같다.

기기 또는 척도	색상값
Agtron Gourmet Scale	63.0
Agtron Commercial Scale	48.0
Colorette 3b by Probat	96.0
Colortrack	62.0
Dipper, Javalactics, Lightells RoAmi, Roastrite, PANTONE 등	63.0

샘플의 밝기가 목표 범위 내에 있다면, 다음으로 중요한 것은 로스팅 시간이다. 로스팅 시간이 너무 짧으면 원두의 내부가 충분히 열을 받지 못해 언더로스팅의 성향이 나타나게 된다. 로스팅 시간이 너무 길면 전반적인 향미와 아로마의 강도가 약해지고, 종종 곡물향이 나는 소위 베이크드 원두가 된다.

로스팅이 완료된 샘플은 즉시 공기 냉각되어야 한다. 실온에 도달하면 밀폐용기

에 보관해야 하며, 8~24시간 동안 보관 후 커핑을 해야 한다. 로스팅 후 8~24시간이 지나도 커핑을 하지 않으면 향미 저하를 최소화하기 위해 추가적인 조치가 필요하다.

2) 준비물

샘플로스팅된 원두, 커핑볼, 커핑스푼, 저울, 온수

3) 계량 및 분쇄

생두의 균일성을 평가하기 위해 동일 커피 샘플에서 여러 컵을 커핑한다. (후술하게 될 정동평가의 경우, 샘플당 5컵씩 커핑하기를 권장한다.) 커피 원두는 각 컵당 별도로 계량한 후 분쇄한다.

커핑에 사용하는 원두의 양은 커핑 용기의 부피에 따라 결정된다. 물 1ml당 0.055g의 원두를 사용하는데 예를 들어 150ml의 커핑 용기를 사용한다면 원두량은

8.25g이고 200㎖의 커핑 용기를 사용한다면 원두량은 11g을 사용한다. 원두 계량을 위해 0.1g 이상의 정확도를 가진 저울이 필요하며, ±0.2g 이내의 오차는 허용된다.

계량이 끝난 각 컵은 개별적으로 분쇄해야 한다. 분쇄 굵기는 70~75%가 20 US 표준 메쉬체(850㎛ 구경)를 통과하도록 한다. 분쇄하기 전 소량의 커피를 넣어 이전 샘플의 잔여물을 그라인더로부터 제거하는 작업을 해야 한다. 린싱 혹은 퍼징이라고 하는 이 행위는 샘플이 바뀔 때마다 매번 행해야 한다. 분쇄가 끝는 커피는 향의 보존을 위해 덮개를 덮어놓는 것이 좋다.

4) 커핑 절차

(1) 프레그런스 평가(Fragrance)

분쇄된 샘플의 향을 평가하는 항목이다. 온전히 후각적인 구간이며 분쇄 후 15분 이내에 추출을 시작하는 것이 좋다.(최대 30분)

(2) 브루잉 및 아로마 평가(Aroma)

주둥이가 있는 주전자를 사용하여 93±3℃의 물을 용기에 가득 부어준다. 물을 부을 때 부드럽게 난류를 만들어 모든 원두가 골고루 젖을 수 있도록 한다. 물을 부으면

추출되는 동안 용기 안에는 젖은 원두가루가 떠오르는데 이를 크러스트라고 한다.

물을 부은 후 크러스트가 유지되는 상태로 3~5분(일반적으로는 평균인 4분 유지) 동안 크러스트의 향을 평가한다. 일정한 시간이 지난 후 스푼을 이용해 크러스트를 깨면서 방출되는 향을 다시 한번 평가하는데, 이 행위를 브레이크라고 하며, 아로마 평가를 마무리한다. 커피 샘플을 평가하는 커퍼가 두 명 이상인 경우, 커퍼는 서로 컵을

나누어 적어도 하나의 컵에서는 브레이크 기회를 가질 수 있도록 해야 한다.

(3) 리쿼링 – Flavor, Aftertaste, Acidity, Sweetness, Mouthfeel, Overall 평가

브레이크 후 본격적으로 커피를 맛보기 전에 용기 안의 부유물들을 걷어낸다. 이 행위를 스키밍이라고 한다. 이후 커피 맛을 보기 시작하는데 커피가 따뜻할 때부터, 식을 때까지 최소 3가지 이상의 온도 변화에 따른 맛의 차이를 느끼며 평가해야 한다. 필요에 따라 시끄러운 소리를 내는 슬러핑을 동반할 수 있으며, 카페인의 과도한 섭취를 방지하기 위해 커피를 마시기보다는 뱉는 편이 좋다.

플레이버는 커피를 입에 머금고 있는 동안 커피의 미각 및 후각에서 오는 복합적인 지각이다.

애프터테이스트는 커피가 입에서 배출(또는 삼킴)된 후 체내 잔류물에서 나오는 미각 및 비후 후각의 복합 지각이다. 여운의 길이도 평가요소 중 하나이다.

산미는 커피의 신맛을 중심으로 구성된 미각적 인식을 의미한다.

단맛은 커피에서 단맛의 미각 또는 후각의 인식을 나타낸다.

마우스필은 무게감(점도), 질감 및 떫은맛(입안이 마르는)과 같은 기타 촉각을 포함하는 커피의 촉감을 말한다.

오버롤은 모든 이전 구간의 조합으로 커피의 전체적인 인상을 나타낸다.

4. 커핑폼(CVA)

SCA에서는 2004년부터 사용해 온 커핑폼이 가진 한계를 인지하고, 단순한 맛 평가가 아닌 더욱 총체적인 커피 가치평가 시스템으로 확장 및 발전시키는 장기 프로젝트를 진행해 왔고, 2023년 4월, 커피가치평가(Coffee Value Assessment : CVA)라는 새로운 시스템과 함께 커핑폼을 소개했다.

묘사 평가 양식과 정동 평가 양식 두 가지로 나뉘어 있으며, 각각은 아래와 같다. 사실 물리적 속성과 외재적 속성을 평가하는 양식이 더 있지만, 그들은 커핑 기법으로 평가하는 것이 아니며, 2023년 최초 공개된 CVA는 완전한 버전이 아니었고, 2024년 9월 현재도 완전한 버전이 나오지 않았기에 묘사 평가와 정동 평가만을 소개하기로 한다.

1) 묘사 평가

묘사 분석법은 제품의 감각적 특성을 객관적이고 정량적으로 표현하기 위해 노력한다. 묘사 평가를 위해서는 위에서 언급한 커핑 프로토콜에 의거한 커핑방법을 반드시 따라야 하는 것은 아니며, 필터브루잉, 프렌치프레스 등의 방법이 묘사 평가에 사용될 수 있다. 커핑방법을 따르지 않는 경우 프레그런스를 평가하기 위한 소량의 분쇄커피를 따로 준비해야 한다.

- 강도 평가

  평가자는 각 항목의 강도를 0에서 15까지의 척도를 이용하여 측정한다. 0~5 범위는 낮은 강도, 5~10 범위는 중간 정도의 강도, 10~15 범위는 높은 강도를 의미한다.

- 기술어 선택

  커피가 가지고 있는 특성을 CATA(Check All That Apply) 항목을 이용해서 체크하게 된다. (최대 5개까지 선택 가능) 커핑폼에 제시된 항목은 모두 SCA의 플레이버 휠을 기반으로 하고 있다.

SCA 커피 가치 평가
묘사 평가

이름 ....
날짜 ....
목적 ....

샘플 번호.   **로스팅 정도**

프레그런스
강도   낮은   평균   높은
0   5   10   15

아로마
강도   낮은   평균   높은
0   5   10   15

노트

☐꽃
☐과일 ☐베리 ☐말린 과일 ☐감귤류
☐신맛/발효된 ☐신맛 ☐발효된
☐녹색채소/식물성
☐기타 ☐화학적인 ☐퀴퀴한/흙냄새 ☐나무 같은

☐구운 ☐곡류 ☐탄 ☐담배
☐견과류/코코아 ☐견과류 ☐코코아
☐향신료
☐달콤한 ☐바닐라/바닐린 ☐브라운슈가

플레이버
강도   낮은   평균   높은
0   5   10   15

애프터테이스트
강도   낮은   평균   높은
0   5   10   15

노트

☐꽃
☐과일 ☐베리 ☐말린 과일 ☐감귤류
☐신맛/발효된 ☐신맛 ☐발효된
☐녹색채소/식물성
☐기타 ☐화학적인 ☐퀴퀴한/흙냄새 ☐나무 같은

☐구운 ☐곡류 ☐탄 ☐담배
☐견과류/코코아 ☐견과류 ☐코코아
☐향신료
☐달콤한 ☐바닐라/바닐린 ☐브라운슈가

주요 맛 (2)
☐짠맛 ☐쓴맛
☐신맛 ☐감칠맛
☐단맛

산미
강도   낮은   평균   높은
0   5   10   15

노트

단맛
강도   낮은   평균   높은
0   5   10   15

노트

마우스필
강도   낮은   평균   높은
0   5   10   15

노트

☐거친 (껄끄러운, 가루같은, 모래같은) ☐부드러운 (벨벳같은, 매끄러운, 시럽같은) ☐금속성
☐기름진 ☐입안이 마르는

샘플 번호.   **로스팅 정도**

프레그런스
강도   낮은   평균   높은
0   5   10   15

아로마
강도   낮은   평균   높은
0   5   10   15

노트

☐꽃
☐과일 ☐베리 ☐말린 과일 ☐감귤류
☐신맛/발효된 ☐신맛 ☐발효된
☐녹색채소/식물성
☐기타 ☐화학적인 ☐퀴퀴한/흙냄새 ☐나무 같은

☐구운 ☐곡류 ☐탄 ☐담배
☐견과류/코코아 ☐견과류 ☐코코아
☐향신료
☐달콤한 ☐바닐라/바닐린 ☐브라운슈가

플레이버
강도   낮은   평균   높은
0   5   10   15

애프터테이스트
강도   낮은   평균   높은
0   5   10   15

노트

☐꽃
☐과일 ☐베리 ☐말린 과일 ☐감귤류
☐신맛/발효된 ☐신맛 ☐발효된
☐녹색채소/식물성
☐기타 ☐화학적인 ☐퀴퀴한/흙냄새 ☐나무 같은

☐구운 ☐곡류 ☐탄 ☐담배
☐견과류/코코아 ☐견과류 ☐코코아
☐향신료
☐달콤한 ☐바닐라/바닐린 ☐브라운슈가

주요 맛 (2)
☐짠맛 ☐쓴맛
☐신맛 ☐감칠맛
☐단맛

산미
강도   낮은   평균   높은
0   5   10   15

노트

단맛
강도   낮은   평균   높은
0   5   10   15

노트

마우스필
강도   낮은   평균   높은
0   5   10   15

노트

☐거친 (껄끄러운, 가루같은, 모래같은) ☐부드러운 (벨벳같은, 매끄러운, 시럽같은) ☐금속성
☐기름진 ☐입안이 마르는

커피의 기본

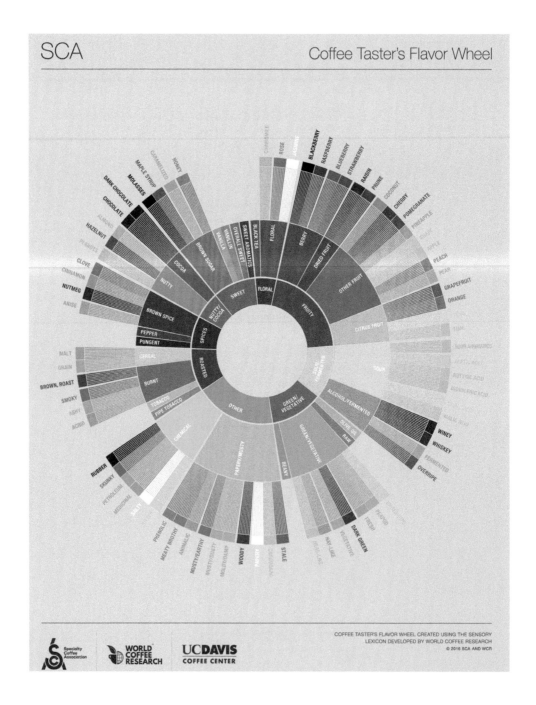

SCA — Coffee Taster's Flavor Wheel

COFFEE TASTER'S FLAVOR WHEEL CREATED USING THE SENSORY
LEXICON DEVELOPED BY WORLD COFFEE RESEARCH
© 2016 SCA AND WCR

Specialty Coffee Association — WORLD COFFEE RESEARCH — UC DAVIS COFFEE CENTER

2) 정동 평가

정동 평가는 주어진 커피의 품질에 대한 커퍼의 인상을 평가하고 총점의 형태로 표현하는 것이다. 1~9까지의 범위를 가진 헤도닉 스케일(Hedonic)을 사용하며, 커피의 선호도를 반영하게 된다.

9점 기호 척도에서 중심점은 5점으로, 커피 품질에 대한 인상이 높지도, 낮지도 않음을 반영한다. 4 이하의 숫자는 커피 품질에 대한 부정적인 인상을 반영하며, 부정적인 인상의 정도에 따라 4, 3, 2, 1점을 사용할 수 있다. 6 이상의 숫자는 커피 품질에 대한 긍정적인 인상을 반영하며 긍정적인 인상의 정도에 따라 6, 7, 8, 9점을 사용할 수 있다. 커피가 식으면서 품질에 대한 인상이 바뀌면 화살표로 변화 방향을 표시하고 변화된 점수를 체크할 수 있다.

각 항목들의 평가를 마치면 각 행의 끝에 있는 "최종"칸에 최종 평가 점수를 기록한다.

평가가 끝나면 점수를 합산하게 되는데, 100점 척도로 환산하기 위해서는 수작업으로 계산할 수 없는 공식을 사용해야 하므로, 웹 기반 점수 계산기의 사용을 권장한다.

균일하지 않은 컵당 2점, 결점이 있는 경우 결점 컵당 4점이 차감된다.

---

* 묘사 평가와 정동 평가는 각각의 평가가 서로에게 영향을 주지 않게 하기 위해 완전히 분리 시행해야 하고, 블라인드로 진행되어야 함을 명심하자. 부득이한 경우 사용할 수 있는 결합평가 방식도 있으나, 이 책에서 다루지 않는다.

SCA 커피 가치 평가

정동 평가

이름 ....
날짜 ....
목적 ....

품질 인상
① 극히 낮음 ② 매우 낮음 ③ 적당히 낮음 ④ 약간 낮음 ⑤ 높지도 낮지도 않음 ⑥ 약간 높음 ⑦ 적당히 높음 ⑧ 매우 높음 ⑨ 극히 높음

샘플 번호.

| 프레그런스 | ①②③④⑤⑥⑦⑧⑨ 최종 |
| 아로마 | ①②③④⑤⑥⑦⑧⑨ 최종 |
노트

| 플레이버 | ①②③④⑤⑥⑦⑧⑨ 최종 |
| 애프터테이스트 | ①②③④⑤⑥⑦⑧⑨ 최종 |
노트

| 산미 | ①②③④⑤⑥⑦⑧⑨ 최종 |
노트

| 단맛 | ①②③④⑤⑥⑦⑧⑨ 최종 |
노트

| 마우스필 | ①②③④⑤⑥⑦⑧⑨ 최종 |
노트

| 오버롤 (전체적 인상) | ①②③④⑤⑥⑦⑧⑨ 최종 |
노트

균일하지 않은 컵(들) ☐☐☐☐☐
결점이 있는 컵(들) ☐☐☐☐☐

결점
☐ 곰팡이
☐ 페놀
☐ 감자

샘플 번호.

| 프레그런스 | ①②③④⑤⑥⑦⑧⑨ 최종 |
| 아로마 | ①②③④⑤⑥⑦⑧⑨ 최종 |
노트

| 플레이버 | ①②③④⑤⑥⑦⑧⑨ 최종 |
| 애프터테이스트 | ①②③④⑤⑥⑦⑧⑨ 최종 |
노트

| 산미 | ①②③④⑤⑥⑦⑧⑨ 최종 |
노트

| 단맛 | ①②③④⑤⑥⑦⑧⑨ 최종 |
노트

| 마우스필 | ①②③④⑤⑥⑦⑧⑨ 최종 |
노트

| 오버롤 (전체적 인상) | ①②③④⑤⑥⑦⑧⑨ 최종 |
노트

균일하지 않은 컵(들) ☐☐☐☐☐
결점이 있는 컵(들) ☐☐☐☐☐

결점
☐ 곰팡이
☐ 페놀
☐ 감자

10

바리스타 2급
자격시험 안내

10 | 바리스타 2급 쟈격시험 안내

세계적으로 많은 기관의 바리스타 시험이 있고 주관하는 기관(협회)마다, 시험의 규정과 방법에 차이가 있다.

그중에서 (사)한국커피협회의 바리스타 2급 시험에 대해 알아보기로 하자.

(사)한국커피협회 심벌   바리스타 2급 배지 심벌

◆ (사)한국커피협회 바리스타 2급 시험의 목적

- 전문 직업인으로서의 위상 제고
- 커피산업 발전 공헌
- 커피문화 발전과 서비스 질 향상

- 커피 산업체와 산학협력을 통한 발전적 방향 제시

- **응시자격** - 응시자격에 제한은 없다.
- **일반전형** - 필기시험(50문항)
- **출제범위** - 커피학 개론, 커피 로스팅과 향미 평가, 커피 추출 등 바리스타(2급) 자격시험 예상 문제집 포함
- **출제형태** - 사지선다형
- **시험시간** - 50분

◆ 특별전형(무시험 검정)

특별전형에 응시하고자 하는 자는 시험 접수 전, 기간 내에 구비서류를 사전 제출하여야 하며, 검정의 면제심사에 통과한 경우 특별전형으로 필기시험 접수가 가능하다.

◆ 특별전형의 종류

1. **전공특별전형**
   대학교 전공학과 학점 이수자(커피교과목 9학점 이상 이수), 바리스타사관학교 수료자, WCCK 심사위원

2. **희망특별전형**
   2.1. **외국인**(귀화인 포함) : 출입국 관리사무소에서 허가를 득한 국내에 체류 중인 외국인 또는 귀화인으로 아래 ①, ② 중 하나에 해당하는 자
   2.2. **장애인** : 응시 가능한 장애종류 및 장애등급에 관한 사항은 별도로 정한 규정에 따르며, 아래 ①, ② 중 하나에 해당하는 자
   ① 협회에서 인증한 대학교 교육기관(학점은행 제도를 시행하는 대학교부설 평생교육원, 직업전문학교 및 평생교육시설 포함)에서 커피교과목 6학점 이상을 수료한 자

② 협회에서 인증한 교육기관(대학교부설 평생교육원 또는 커피아카데미)에서 54시간 이상의 교육을 이수한 자(단, 커피학개론 9시간, 커피로스팅 9시간, 에스프레소 추출 14시간, 카푸치노 9시간 이상을 포함하여야 하고, 교육은 1일 4시간을 초과할 수 없다.)

3. 바리스타 3급 전형(무시험 검정)

협회 인증 바리스타 3급 자격증 취득자는 자격증 발급일로부터 2년간 바리스타 2급 필기시험에 바리스타 3급 전형으로 응시 가능하다.

◆ 실기시험

• 필기시험에 합격한 자만 응시 가능하다.
• **시험범주** - 준비 평가, 에스프레소 평가, 카푸치노 평가, 서비스 기술 평가
• **시험방식** - 기술적 평가와 감각적 평가로 구분하며, 1인의 피평가자를 2인의 평가자가 평가
• **시험시간** - 준비 및 시연시간 15분

◆ 전형료

• 2급 : 필기시험 응시료 33,000원 ｜ 실기시험 응시료 66,000원
• 2024년 10월 기준(12차 개정 - 2022년 3월 21일부터 시행)

◆ 바리스타 2급 실기 평가

본 교재에서 바리스타 2급 실기시험에 관한 부분은 2024년 10월에 작성하였고, 사단법인 한국커피협회 바리스타(2급) 인증 공식 실기 평가 규정(Ver.2024-09-24)에 근거하여 기록하였다. 이 규정은 2024년 11월 11일 이후부터 시행되었으며, 규정은 언제든지 수정될 수 있으므로 시험을 준비하는 시기의 규정을 확인 후, 시험을 준비하기 바란다.

1. 응시자격

사단법인 한국커피협회-KCA(이하 '한국커피협회'라고 한다.) 인증 교육기관 수료생 및 커피에 관심 있는 모든 사람에게 응시자격이 주어진다.

2. 검정(응시)료

응시자는 자격시험 검정(응시)료를 지급해야 한다.

3. 자격시험

3.1. 개요

시험시간은 총 15분으로

A. 각 응시자들은 1명의 감각(Sensory) 평가위원과 1명의 기술(Technical) 평가 위원의 평가를 받는다.

B. 각 응시자는 15분 동안 총 8잔의 음료(에스프레소 4잔, 카푸치노 4잔)를 1명 의 감각 평가위원에게 8잔 모두 제출해야 한다. 단, 장애가 있는 경우 장애 종류 및 장애 정도에 따라 실기시험 추가시간이 차등 제공되며, 실기시험 추가시간을 제공받고자 하는 응시자는 온라인 접수 기간에 복지카드(또는 장애종류 및 장애 정도가 명시된 장애를 입증할 수 있는 서류)를 제출하여야 한다.

C. 응시자는 제출하는 음료의 순서를 선택할 수 있다. 같은 종류 4잔의 음 료는 동시에, 혹은 연속해서 제출되어야 한다. 같은 종류 4잔의 음료를 동시에 제출하거나 2잔, 2잔 따로 제출할 수 있지만, 에스프레소 2잔을 제출하고 카푸치노 2잔을 제출하거나, 반대로 제출한 경우 기술 평가 의 중요 평가 4번에서 감점 처리된다.

D. 평가위원은 응시자의 음료가 제공되면 즉시 음료를 평가한다.

E. 종류별 음료 4잔은 내용물이 동일해야 한다.

F. 종류별 음료 4잔에 사용하는 커피는 한국커피협회에서 선정한 2급 공 식 원두여야 한다.

G. 응시자는 에스프레소와 카푸치노만을 감각 평가위원에게 제출할 수 있다.

H. 응시자는 시연 평가 동안 원하는 만큼의 음료들을 만들 수 있다. 단, 감각 평가위원에게 제출하는 음료만을 평가받게 된다.

4. 시연 평가

응시자는 앞치마와 행주를 반드시 가져와야 하고, 시연 평가 전 모든 기물은 진행요원들이 준비한다. ※ 바리스타용 앞치마 및 행주 & 린넨 5장 이상은 응시자 본인이 지참하여야 한다.

4.1. 시연 평가의 시작

A. 응시자가 배정된 시연 장소에 도착하면 선임 평가위원이 각 응시자에게 시작 준비가 되었는지를 물어본다. 시작하기 전 응시자는 시연 장소에서 어떠한 기구도 만져서는 안 되며 "시작"이라는 방송 멘트와 함께 공식 타이머가 작동되고 시연을 시작한다.

B. 15분 시연 평가 동안 경과된 시간은 응시자가 스스로 관리한다. 시연 평가 동안 응시자에게 10분, 5분, 3분, 2분, 1분, 30초의 남은 시간이 안내된다. 응시자는 시연 중간에 시간 체크를 요청할 수 있으며 평가위원은 남은 시간을 확인해 줄 수 있다.

시계가 어떠한 이유로 오작동되더라도 응시자는 자신의 시연을 멈추면 안 된다.

4.2. 연습 샷

응시자는 준비 평가 동안 올바른 에스프레소 이해를 위해 연습 샷(Shot)을 반드시 추출해야 한다. 이때 반드시 샷글라스를 사용하여 최소 20ml 이상을 추출해야 하며, 적절한 시간과 양을 확인할 것을 권장한다.

4.3. 잔의 예열

잔은 응시자가 준비 평가 동안 미리 예열해야 한다. 예열 동작을 진행하였을 경우 됨으로 인정한다. (재추출 시 예비 잔을 사용할 경우 준비 시간에 잔의 예열 동작을 진행하였다면 예비 잔도 동시에 예열한 것으로 인정한다.)

4.4. 필수 음료 제출

모든 음료는 감각 평가위원 테이블에 제출되어야 한다.

1) 에스프레소

   A. 에스프레소는 그룹단위 하나의 포터필터 스파웃에서 함께 추출되는 2잔의 커피 음료로, 각 1잔은 약 1oz를 기준으로 크레마를 포함한 25~35㎖이다.

   B. 섞거나 덜어내지 않은 온전한 상태여야 하며, 추출량을 맞추기 위해 버리거나 섞인 에스프레소를 제공할 경우에는 기술 평가의 중요 평가 4번에서 감점 처리된다.

   C. 위 2잔의 에스프레소 음료는 각각 손잡이가 달린 데미타세 1잔과 샷글라스 1잔으로 구성하여 추출하여야 한다. 왼쪽 그룹에서 데미타세 2잔, 오른쪽 그룹에서 샷글라스 2잔으로 구성하여 추출하여 제공하거나, 반대의 경우 기술 평가의 중요 평가 4번에서 감점 처리된다.

   D. 추출시간은 20~30초를 권장한다. 20~30초를 벗어난 추출시간은 기술 평가표의 적절한 추출시간(20~30초)에서 감점 처리된다.

   E. 에스프레소는 잔 받침, 커피스푼과 함께 평가위원에게 제출되어야 한다.

2) 카푸치노

   A. 카푸치노는 1잔의 에스프레소와 스티밍한 우유로 만든 음료이며, 에스프레소와 우유가 조화를 이루어 만들어지는 음료이다.

   B. 카푸치노는 에스프레소 1잔과 밀도 있는 벨벳밀크로 이루어진 음료로 거품 있는 상태로 제출되어야 하며, 거품의 두께는 1~1.5cm를 권장한다.

   C. 표준적인 카푸치노는 5~6oz 음료(150~180ml)이다.

   D. 카푸치노는 라떼아트나 전통적인 모양(하트, 원형)으로 제출되어야 한다.

   E. 카푸치노는 손잡이가 달린 한국커피협회 공식 잔(약 190ml)에 제출되어야 한다.

     ※ 한국커피협회의 공식 카푸치노 잔은 이탈리아 안캅사의 베로나

카푸치노이다.

용량은 190ml로 이탈리아에서
정의한 카푸치노 잔보다 40ml
더 많은 용량이다.

F. 설탕, 향료, 가루 상태 향신료
등의 추가는 허용되지 않는다.

G. 카푸치노는 잔 받침, 커피스푼과 함께 평가위원에게 제출되어야 한다.

4.5. 제출된 음료

응시자가 제출한 음료의 심사가 끝나면 선임 평가위원의 신호에 따라 진행 요원이 평가위원 테이블에서 음료를 치운다. 진행 요원은 잔과 커피스푼과 잔 받침 등을 신속하게 치워야 한다.

4.6. 시연 평가 종료

A. 기본 시험 시간은 15분이다.

B. 응시자가 손을 들어 종료를 알리면 시연 평가는 종료된다. 응시자는 언제라도 시연 평가 종료를 선택할 수 있다.

C. 응시자는 평가위원 테이블에 마지막 음료를 놓은 후 시연 작업대로 돌아가 정리 작업을 한다. 정리 작업이 끝나면 분명하고 확실하게 시연 종료를 표시해야 한다.

D. 응시자가 종료를 표시하면 평가위원도 즉시 초시계 작동을 멈추고 그 시간을 기록한다.

E. 기본 시험 시간이 종료되면 평가위원은 응시자의 시연을 중단시키고 퇴실을 안내한다.

F. 응시자가 총 8잔의 음료(에스프레소 4잔, 카푸치노 4잔)의 제출을 완료하지 못한 상태로 시연이 종료된 경우, 감각 평가의 중요 평가 4번에서 불합격 처리한다.

4.7. 시간 평가 항목

A. 응시자의 기본 시험 시간은 15분이며 추가 시험 시간은 제공하지 않는다. 단, 장애인의 경우 장애 종류 및 장애 정도에 따라 기본 시험 시간 외 정해진 추가시간을 제공할 수 있다.

5. 점수

5.1. 점수기록

5.1.1. 응시자의 총점수

응시자의 총점수는 기술 1인 평가표와 감각 1인 평가표의 전체를 합산한다.

5.1.2. 합격 점수

총 2인(기술 1인 평가표와 감각 1인 평가표)의 총점은 100점이며, 60점 이상이 되면 합격하게 된다.

5.2. 보고

A. 시험이 완료된 후, 사전에 공지된 합격자 발표일에 공식 홈페이지를 통하여 합격/불합격 여부를 확인할 수 있다.

이외의 세부 규정은 사단법인 한국커피협회 바리스타(2급) 인증 공식 실기 평가 규정집을 참고하기 바란다.

▲ [사단법인 한국커피협회 실기 고사장]

◆ 바리스타 2급 실기시험 시연 시범

• 시작 전 시험 응시에 필요한 행주를 들고 대기한다.

• **시작멘트** - "시작하겠습니다."라는 멘트와 동시에 손을 들어 시연의 시작을 알린다.

• **기물배치** - 행주와 린넨을 용도에 맞게 배치한다.

• **기기 점검** - 모든 그룹의 추출버튼과 스팀 밸브의 작동 확인 및 눈으로 게이지 확인

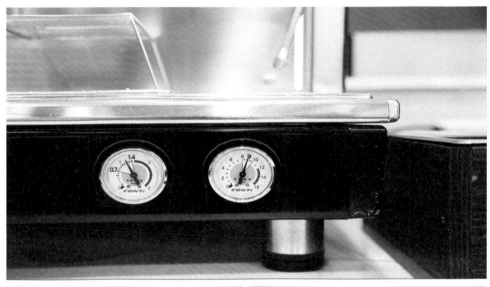

- **시연 잔의 예열 및 물기 제거** – 제출하게 될 잔인 데미타세 2개, 샷 글라스 2개, 카푸치노 잔 4개를 내려, 컵에 50% 이상 온수를 채우고 잔의 예열이 종료되면 물을 비운 후 물기를 제거하여 잔을 상부 워머에 재배치 ※ 물기 제거 시, 린넨 을 혼용하지 않도록 주의

• **시범 추출** – 그라인더 작동 확인 및 커피의 추출(20ml 이상) 상태 확인

• **작업 공간의 청결** – 시범 추출한 샷 글라스를 옮기고, 작업 공간을 깨끗이 정리한다.

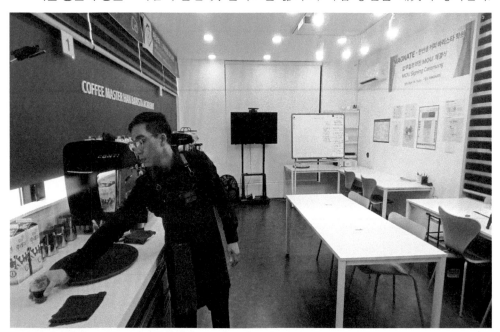

1. 에스프레소

- 추출 전 잔 받침과 스푼 준비

- **포터필터 건조 청결** – 머신으로부터 포터필터를 분리하여 린넨으로 포터필터의
  물기와 커피가루를 제거한다.

- **정확한 팩킹**(도징, 레벨링, 탬핑)

• 장착 전 그룹 물 흘리기

 커피의 기본

- 청결한 포터필터 가장자리

- 부드러운 장착, 신속한 추출

170

• 작업 도중 청결 관리 및 정리 정돈

• 에스프레소 서비스

- 에스프레소 2잔은 데미타세에 커피잔 받침, 스푼과 함께 제공되어야 하며 손잡이와 커피스푼의 방향은 오른손잡이를 기준으로 한다.
- 서빙 시 서비스 멘트와 함께 평가 위원과의 눈 맞춤(eye contact)이 있어야 하고, 한 손으로 트레이를 받치거나 잡은 상태로 한 손으로 서비스(음료 제공)를 한다.

 커피의 기본

2. 카푸치노

- 소서와 스푼 준비

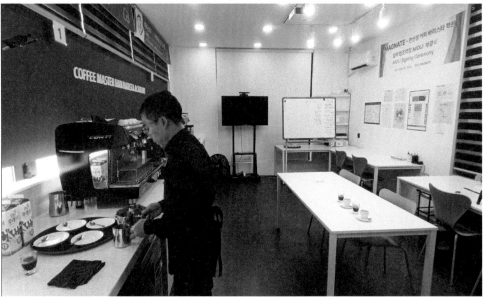

- 우유 따르기

- **포터필터 건조 청결** - 머신으로부터 포터필터를 분리하여 린넨으로 포터필터의
  물기와 커피가루를 제거한다.

• **정확한 패킹**(packing: 도징, 레벨링, 탬핑)

• 장착 전 그룹 물 흘리기

• 청결한 포터필터 가장자리

• 부드러운 장착, 신속한 추출

• 그룹 누수 없이 정확한 커피 받기

• 작업 도중 청결 관리 및 정리 정돈

• 스티밍 전 스팀 분출

• 공기 주입

• 롤링

• 스티밍 후 스팀 분출 및 완드 청소

• 우유 거품의 분배

- 업다운(크레마 안정화)

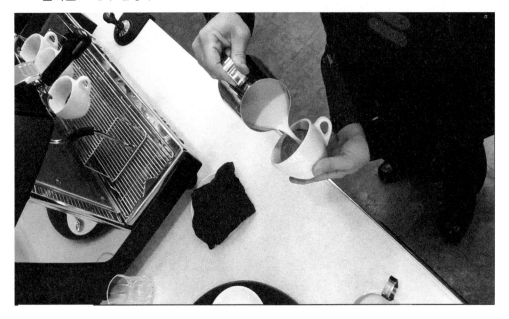

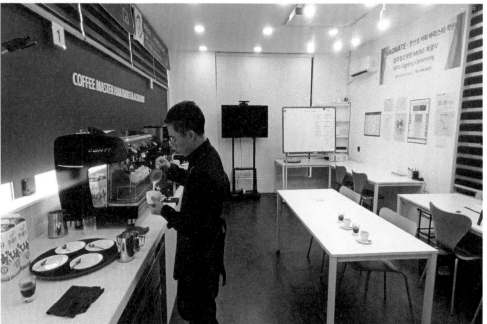

• 푸어링 - 유속에 의한 패턴 형성

• 카푸치노는 잔에 가득 채워져야 하고, 우유 거품의 양은 잔의 상부로부터 약
  10mm 이상 15mm 이하의 두께여야 한다.

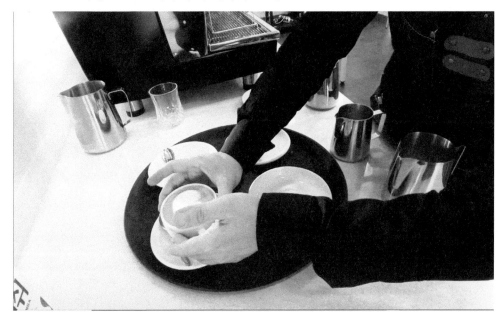

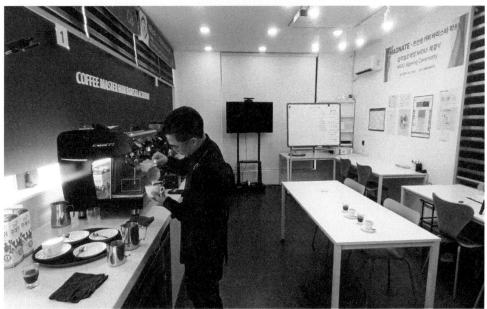

 커피의 기본

• 카푸치노 서비스

• 적절한 온도(50~55℃)의 카푸치노는 커피잔 받침, 스푼과 함께 제공되어야 하며 손잡이와 커피스푼의 방향은 오른손잡이를 기준으로 한다.

• 서빙 시 서비스 멘트와 평가 위원과의 눈 맞춤(eye contact)이 있어야 하고, 한 손
으로 트레이를 받치거나 잡은 상태로 한 손으로 서비스(음료 제공)를 한다.

▲ [제공된 에스프레소와 카푸치노]

▲ [카푸치노의 거품 두께 확인]

- 시험 종료 시 작업 공간의 청결
- 포터필터, 커피 머신의 각 부위 및 주변, 그라인더의 각 부위 및 주변 청결

- **종료 선언** - "마치겠습니다."라는 멘트와 동시에 손을 들어 시연의 종료를 알린다.

• 시연 시간은 15분을 초과할 수 없으며, 시연 시간 내로 총 8잔의 커피가 제공되어야 한다.

　※ 장애가 있는 경우, 장애의 종류 및 장애 정도에 따라 규정된 실기시험 추가시간을 제공한다.

작업 도중 청결 및 정리 정돈은 에스프레소, 카푸치노 두 번의 작업 과정 중 한번이라도 안 되었을 경우 안 됨으로 표시된다. 그리고 행주의 혼용이 없도록 주의해야 한다.

본 교재에서 바리스타 2급 시험에 관한 부분은 2024년 10월에 작성되었고, 사단법인 한국커피협회 바리스타(2급) 인증 공식 실기 평가 규정(Ver.2024-09-24)에 근거하여 기록하였음을 알린다. 이 규정은 2024년 11월 11일 이후부터 시행하였으며, 추후에도 규정은 언제든지 수정될 수 있기 때문에 시험을 준비하는 시기의 규정에 맞게 준비하기 바란다.

참고문헌

김건휘, 입문자들을 위한 커피바리스타의 이해, 대왕사, 2022

김일호, 박재연, 커피의 모든 것, 백산출판사, 2021

다구치 마모루, 스페셜티 커피대전, 광문사, 2013

데이브 에거스, 전쟁 말고 커피, 문학동네, 2019

라니 킹스턴, 커피로드, 영진닷컴, 2023

마이클 와이즈먼, 신의 커피, 광문사, 2010

모리미즈 무네오, 다이보 가쓰지, 커피집, 황소자리, 2019

박설희, 김민정, 디스이즈도쿄, 테라, 2024

박수정, 진가록, 부산바다커피, 미디어줌, 2022

박영배, 커피입문자를 위한 카페&바리스타, 백산출판사, 2022

박영순, 커피인문학, 인물과사상사, 2021

박영희, 커피에센스, 서울꼬뮨, 2023

박창선, 커피플렉스, 백산출판사, 2021

부산진구청 문화체육과, 내사랑 부산진 그 세월의 흔적을 찾아서, 대훈기획, 2010

비오, 커피오리진, REFERENCE by B, 2019

송구영, 최유미, 스페셜티 커피 오브 브라질, 서울꼬뮨, 2009

심재범, 스페셜티 커피 인 서울, BR미디어, 2014

심재범, 조원진, 스페셜티 커피, 샌프란시스코에서 성수까지, 따비, 2022

심재범, 쿄토커피 디자인, 이음, 2019

오카 기타로, 커피 한 잔의 힘, 시금치, 2012

우스이 류이치로, 세계사를 바꾼 커피이야기, 사람과나무사이, 2022

유대준, 박은혜, 커피인사이드, 더스칼러빈, 2022

유승훈, 부산은 넓다, 글항아리, 2013

이광주, 베네치아의 카페 플로리안으로 가자, 다른세상, 2001

이길상, 커피가 묻고 역사가 답하다, 역사와비평사, 2023

이길상, 커피세계사+한국가배사, 푸른역사, 2021

이성우, 나는 커피를 마실 때 물류를 함께 마신다, 바다위의정원, 2020

이정학, 가비에서 카페라떼, 대왕사, 2016

장상인, 커피 한 잔으로 떠나는 세계여행, 이른아침, 2020

장수한, 유럽 커피문화 기행, 한울, 2008

장승용, 커피로 만든 음악, 영화 그리고 이야기, J북스&미디어, 2020

조희창, 베토벤의 커피, 살림, 2018

최풍운, 박수현, THE COFFEE, 백산출판사, 2021

탄베 유키히로, 커피세계사, 황소자리, 2020

한국커피산업진흥연구원, 커피스터디, 아이비라인, 2020

호리구치 토시히데, 새로운 커피교과서, 황소자리, 2024

上野万太郎, 福岡カフェ散歩, 書肆侃侃房, ２０１２

月下はかた 編集, 福岡カフェ日和, メイツ出版, ２０１７

川島良彰, 私はコーヒーで世界を変えることにした, ポプラ社, ２０１３

Cappuccino, Merriam-Webster

Cappuccino, Online Etymology Dictionary

Goodwin, Lindsey, What Is a Cappuccino? The Spruce Eats, 2023.1.20

McNamee, Gregory, Cappuccino, Encyclopedia Britannica

이탈리아 국립 에스프레소 연구소(https://online.fliphtml5.com/yvii/otko/#p=8)

https://korea.sca.coffee/education/cva

https://sca.coffee/value-asssessment

https://static1.squarespace.com

저자약력

박보근(朴寶根)

현) 부산여자대학교 바리스타과 학과장
전) 일본 동경 유학, 문부성 장학생
〈저서〉 바리스타일본어 외 11권
〈활동〉 부산국제트래블페어 고교생 관광서비스경진대회 주관 및 커핑분야 심사
부산여자대학교 여고생 바리스타 경진대회 심사
글로벌영도커피페스티벌추진위원(2022~2024), 전포커피축제 참여,
금정구 라라라페스티벌제안서 평가위원, 관공서 특강, 중·고교 특강
국제신문, KNN, 부산교통방송 등 언론활동
라떼아트 White Tiger 컨설팅 중
email: pbk@bwc.ac.kr

김선화

현) 부산여자대학교 비치빈커피 대표
〈활동〉 부산국제트래블페어 고교생 관광서비스 경진대회 심사
부산진구 로스팅 강의, 라라라축제 커핑대회 주관
부산진여상 바리스타 특강, 부산정보고·세정고·관광고 학점제강사

김정진

현) NEWS Coffee 대표
전) 부산커피교육센터 부원장, 동부산대학교 바리스타소믈리에과 겸임교수
〈활동〉 World Barista Championship Judge
World Latte Art Championship Judge
바리스타, 라떼아트 국가대표선발전 심사위원
SCA CSP AST All Module(2024 Barista Skills Calibration Lead AST)
2022 Ikawa Korea Roasting Championship Champion

마시연

현) 주식회사 결 대표, 토리나무 대표
전) 앤드커피컴퍼니 대표, 커피태그 대표
〈활동〉 글로벌커피 전문경영인 양성과정 강연
부산여대 핸드드립 특강, 신세계 아카데미 출강
동원과학기술대학 평생교육원 출강, 양산대학교 커피바리스타학과 출강
커피바리스타 자격증 감독, 월드커피리더스포럼 세미나 참관
2014 WBC 이탈리아 리미니 참관 및 이탈리아 커피투어
SCA Barista, Brewing, Sensory 외 자격 다수
1:1심화 커피 강의, 카페창업 컨설팅, 프립 부산커피교육 부분 입점

저자약력

서천우

현) 언더커피 대표, 언더커피 로스터스 대표
부산여자대학교 바리스타과 겸임교수
동의대학교 대학원 호텔관광외식경영학 박사 수료
바리스타 국가대표선발전 심사위원
SCA AST(Authorized SCA Trainer) & Certifier

⟨활동⟩ Korea National Barista Championship Sensory, Final, Head Judge
부산국제트래블페어 고교생 관광서비스경진대회 심사
콜롬비아 안데스조합 인턴십프로젝트 참가
부산일보 부일여성대학 강의, 관공서 특강, 커피축제 참여, 커피회사 컨설팅

심예지

현) 도트커피바리스타학원 부원장
전) 부산여자대학교 바리스타과 겸임교수

⟨활동⟩ Korea National Barista Championship Technical Judge
2021 KCL MOB(마스터오브브루잉) Sensory Judge
바리스타 국가대표선발전 심사위원
SCA AST(Authorized SCA Trainer) & Certifier
(사)한국커피협회바리스타 1·2급 실기평가위원, 커피지도자, 티마스터 강사
부산국제트래블페어 고교생 관광서비스경진대회 심사
동래구청 주관 바리스타 자격증반 강의, 중·고교 특강, 커피관련 교육

한승재

현) 부산여자대학교 바리스타과 겸임교수
부산보건대학교 호텔바리스타과 특강 교수
한선생 커피 바리스타 학원 대표원장(주촌, 외동), 한선생 커피 대표(제조업)
한국커피문화연구 운영 및 학술위원(논문심사 및 학술지 편집/학회 운영위원)
ZM-ILLENNIAL(지밀레니얼) 수요 커피 클래스 전담 교수
S.C.A(Specialty Coffee Association) CSP & CTechP Full AST
C.Q.I(Coffee Quality Institute) Lecturer
(사)한국커피협회 9대 대의원(2024~) 외
전) (사)김해식품제조연합회 이사(사무총장, 2019)
부산대학교 대기확산연구실 연구원(이학박사), LOGOS 대표

저자와의
합의하에
인지첩부
생략

커피의 기본

2025년 2월 20일 초판 1쇄 인쇄
2025년 2월 28일 초판 1쇄 발행

지은이 박보근 · 김선화 · 김정진 · 마시연 · 서천우 · 심예지 · 한승재
펴낸이 진욱상
펴낸곳 (주)백산출판사
교 정 성인숙
본문디자인 오행복
표지디자인 오정은

등 록 2017년 5월 29일 제406-2017-000058호
주 소 경기도 파주시 회동길 370(백산빌딩 3층)
전 화 02-914-1621(代)
팩 스 031-955-9911
이메일 edit@ibaeksan.kr
홈페이지 www.ibaeksan.kr

ISBN 979-11-6567-979-8 13570
값 20,000원